Leopoldo Magno Coutinho

Biomas brasileiros

Copyright © 2016 Oficina de Textos

Grafia atualizada conforme o Acordo Ortográfico da Língua Portuguesa de 1990, em vigor no Brasil desde 2009.

CONSELHO EDITORIAL Arthur Pinto Chaves; Cylon Gonçalves da Silva; Doris C. C. K. Kowaltowski; José Galizia Tundisi; Luis Enrique Sánchez; Paulo Helene; Rozely Ferreira dos Santos; Teresa Gallotti Florenzano

CAPA E PROJETO GRÁFICO Malu Vallim
DIAGRAMAÇÃO Alexandre Babadobulos
PREPARAÇÃO DE FIGURAS Letícia Schneiater
PREPARAÇÃO DE TEXTO Hélio Hideki Iraha
REVISÃO DE TEXTO Paula Marcele Sousa Martins
IMPRESSÃO E ACABAMENTO Forma Certa Gráfica Digital

Dados Internacionais de Catalogação na Publicação (CIP)
(Câmara Brasileira do Livro, SP, Brasil)

Coutinho, Leopoldo Magno, 1934-2016.
  Biomas brasileiros / Leopoldo Magno Coutinho. --
São Paulo : Oficina de Textos, 2016.

  Bibliografia
  ISBN 978-85-7975-254-4

  1. Biodiversidade - Brasil 2. Biomas - Brasil - Regiões 3. Ecologia 4. Ecossistemas - Brasil 5. Meio ambiente 6. Proteção ambiental I. Título.

16-08283   CDD-577.0981

Índices para catálogo sistemático:
1. Bioma brasileiro : Preservação : Biologia
   577.0981

Todos os direitos reservados à OFICINA DE TEXTOS
Rua Cubatão, 798
CEP 04013-003   São Paulo-SP – Brasil
tel. (11) 3085 7933
site: www.ofitexto.com.br
e-mail: atend@ofitexto.com.br

Tivesse a noite límpida milhões de estrelas, mas equidistantes e de igual brilho, como se admirariam o Cruzeiro do Sul, a Estrela d'Alva, as Três Marias? A Diversidade é o encanto da Vida.

Agradecimentos

De um modo muito especial, desejo agradecer à Dra. Lilian Beatriz Penteado Zaidan, ex-diretora do Instituto de Botânica da Secretaria do Meio Ambiente do Estado de São Paulo, pelo interesse, dedicação incansável e carinho com que me ajudou no preparo do presente livro, fazendo correções de português e adequações do texto e discutindo os diversos assuntos aqui abordados.

Desejo agradecer também a Thomás Camargo Coutinho, pelos trabalhos de computação gráfica, discussões e melhoria das figuras aqui apresentadas.

Devo uma inestimável gratidão à Dra. Celia Regina de Gouveia e Souza, pesquisadora científica do Instituto Geológico da Secretaria do Meio Ambiente do Estado de São Paulo, e aos Profs. Drs. Fernando Roberto Martins (IB-Unicamp) e José Carlos Motta Jr. (IB-USP), pela paciente leitura e releitura crítica do texto e pelas sugestões dadas.

Sou igualmente grato aos colegas e amigos Alberto Vicentini, Alexandre Adalardo de Oliveira, Angelo Alberto Schneider, Bianca Ott Andrade, Elisete Maria de Freitas, Carlos Alfredo Joly, Giselda Durigan, Heloisa Miranda, Hilda M. L. Wagner, João André Jarenkow, Maria Lúcia Absy, Nanuza Luiza de Menezes, Osvaldo Cesar, Rafael Trevisan, Robberson Bernal Setubal, Sérgio Nereu Pagano e Vânia Regina Pivello, pela enorme ajuda na indicação e no envio de literatura, sem a qual este trabalho teria sido inviável.

Agradecimentos da editora

Agradecemos a Rozely Ferreira dos Santos seu empenho sem medidas para tornar possível a publicação deste livro. Inicialmente, como conselheira editorial, trouxe o manuscrito e recomendou sua publicação. Posteriormente, fez sua leitura crítica, levantando e resolvendo os pontos obscuros. Ademais, sugeriu fotos e pranchas para ilustrar com riqueza os biomas e finalmente as obteve, com muita perseverança, junto aos profissionais que as detinham. Tudo isso num momento de intenso drama pessoal. Fica inscrita nossa enorme gratidão.

Sobre o autor

Leopoldo Magno Coutinho, biólogo, doutor em Botânica pela Faculdade de Filosofia, Ciências e Letras da Universidade de São Paulo (USP), foi livre-docente, professor adjunto e professor titular de Ecologia do Instituto de Biociências da USP. Fez pós-doutorado na Universidade de Hohenheim, Stuttgart, Alemanha, em 1961, sob a supervisão do Prof. Dr. Heinrich Walter. Durante sua carreira acadêmica foi responsável pela disciplina de Ecologia Vegetal e por disciplinas de pós-graduação, entre elas Ecologia do Cerrado, oferecida no Parque Nacional das Emas, em Goiás. Foi responsável pelo curso de extensão universitária Ecologia dos Principais Biomas no Brasil. Orientou diversas dissertações de mestrado e teses de doutorado, tendo participado de numerosos congressos nacionais e internacionais, com apresentação de trabalhos em sua área de especialidade. É autor de diversos artigos científicos e de divulgação, de capítulos de livros e do livro didático *Botânica*, editado pela Cultrix.

In Memoriam

Leopoldo Magno Coutinho (12/3/1934--19/2/2016) ou simplesmente Léo, como era conhecido pelos amigos e colegas de trabalho. Tímido, de poucas palavras, gostava de contar histórias de sua infância em Franca; sensível, chegava facilmente às lágrimas quando ouvia uma bela música ou um bom intérprete, mas sempre se divertia com uma boa piada. Foi um naturalista nato: amava a natureza, especialmente as plantas e os pássaros, cujo canto gostava de ouvir e imitar.

Como profissional, era difícil separar o pesquisador do professor. Sua contribuição para a Ecologia, sobretudo no que diz respeito aos efeitos e ao papel ecológico do fogo no Cerrado, é inquestionável. Gostava de ensinar e tinha um talento especial para isso. Ir para o campo com ele era uma experiência inesquecível e enriquecedora, privilégio de centenas de alunos e orientados que participaram das suas disciplinas ministradas no campo.

Como pai, foi carinhoso, cuidadoso e protagonista de conversas precisas e diretas. Extremamente companheiro e divertido, sobretudo quando compartilhava com os filhos a observação da diversidade da natureza e a contemplação de seus encantos e mistérios.

Lilian Zaidan, Ana Lúcia C. Coutinho, Thaís C. Coutinho,
Alexandre C. Coutinho e Thomás C. Coutinho

Agradecimento

Esta obra é dedicada a Lilian Zaidan, por sua contribuição fundamental. Sem o seu suporte, a elaboração e a conclusão deste livro não teriam sido possíveis.

Ana Lúcia C. Coutinho, Thaís C. Coutinho,
Alexandre C. Coutinho e Thomás C. Coutinho

Apresentação

O Brasil perdeu um de seus grandes ecólogos e botânicos, Leopoldo Magno Coutinho (1934-2016). Léo, como era conhecido pelos amigos, foi um incansável pesquisador dos ecossistemas brasileiros e da ecologia das plantas brasileiras. Sempre teve uma grande preocupação com o ensino e dedicou-se com afinco a esclarecer e divulgar questões conceituais centrais para a ecologia tropical, como bem exemplifica este valioso livro. Este trabalho insere-se na grande tradição de pesquisas biogeográficas sobre os ecossistemas latino-americanos, iniciada pelo grande naturalista alemão (prussiano) Friedrich Heinrich Alexander, Baron von Humboldt (1769-1859), que, com seu parceiro de viagem, o botânico francês Aimé Jacques Goujaud Bonpland (1773-1858), realizou entre 1799 e 1804 a grande expedição científica da *Viagem às Regiões Equinoxiais do Novo Continente* (Américas, incluindo Venezuela, Colômbia, Equador, Peru, México e Cuba; não esteve no Brasil por ter sido barrado por autoridades portuguesas na fronteira, na região do alto rio Negro). Dessa famosa expedição resultou uma prodigiosa série de publicações científicas, com destaque para as obras inaugurais da pesquisa biogeográfica mundial: *Essai sur la géographie des plantes* (1807), *Tableaux de la nature* (1808) e *Cosmos: essai d'une description physique du monde* (1847-1852).

As primeiras descrições científicas e ilustrações sobre os diferentes ecossistemas e vegetações brasileiras foram feitas pelo botânico francês Auguste de Saint-Hilaire (1779-1853) e pelo botânico alemão (bávaro) Carl Friedrich Philipp von Martius (1794-1868). Saint-Hilaire, autor das famosas Viagens ao Interior do Brasil, à Província Cisplatina [= Uruguai] e às Missões do Paraguai, realizadas entre 1816 e 1822, entre suas muitas e importantes contribuições à Botânica brasileira publicou a Tableau géographique de la végétation primitive dans la province de Minas Geraes (1831). Martius, em parceria com o zoólogo bávaro Johann Baptist von Spix (1781-1826), da famosa Viagem pelo Brasil 1817-1820, parte da grande missão científica austríaca ao Brasil organizada por inspiração da Princesa Leopoldina por ocasião de sua viagem de núpcias ao Brasil, entre suas importantes publicações sobre a flora brasileira, com destaque para a Flora Brasiliensis, escreveu Die Physiognomie des Pflanzen-Reiches in Brasilien (1824) e Tabulae Physiognomicae: Brasiliae Regiones iconibus expressas descripsit deque Vegetatione illius Terrae uberius (1840). Essa grande tradição de estudos biogeográficos e ecológicos teve continuidade nos estudos do grande ecólogo dinamarquês Johannes Eugenius Bülow Warming (1841-1924), que estudou entre 1863 e 1866 a ecologia do Cerrado na região de Lagoa Santa, Minas Gerais, como parte das expedições lideradas pelos naturalistas dinamarqueses Peter Wilhelm Lund (1801-1880) e Johannes Theodor Reinhardt (1816-1882), resultando desses estudos os influentes Lagoa Santa, contribuição para a Geographia Phytobiológica (1892) e Lehrbuch der ökologischen Pflanzengeographie Eine Einführung in die Kenntnis der Pflanzenwereine (1896).

Embora tenha trabalhado com vários ecossistemas brasileiros, em particular na Mata Atlântica e no Cerrado, a paixão de Léo sem dúvida foi o Cerrado e a ecologia do fogo nele. Tive o privilégio de interagir com Léo na questão da ecologia do fogo no Cerrado. Quando, no final dos anos 1980 e no início dos anos 1990, tive a oportunidade de planejar e coordenar um grande projeto de pesquisa experimental multi-institucional de longo prazo e grande escala sobre essa ecologia do fogo, em parceria com a professora Heloisa Sinatora Miranda, do Departamento de Ecologia da Universidade de Brasília, contei com o aconselhamento e a sabedoria do Léo para decidir sobre a melhor opção para os tratamentos experimentais com fogo controlado em diferentes fitofisionomias de Cerrado. O experimento, chamado simplesmente de Projeto Fogo, financiado pelo CNPq, foi implementado na Reserva Ecológica do IBGE e na Estação Ecológica do Jardim Botânico de Brasília, duas áreas de pesquisa e conservação contíguas ao sul de Brasília. Esse projeto ofereceu a melhor oportunidade de investigar detalhes da ecologia do fogo no Cerrado em condições controladas, testando o impacto do fogo sobre a flora, a fauna, o solo e a atmosfera sob diferentes regimes de queima (frequência e época do ano). Cabe lembrar aqui que Léo vinha tentando sem sucesso conseguir autorização das autoridades ambientais do Estado de São Paulo para realizar pesquisa com queima controlada em remanescentes de Cerrado no Estado.

Havia anos ele pesquisava sobre a ecologia do fogo em remanescentes de Cerrado no interior do Estado de São Paulo, em particular na Reserva Biológica do

Cerrado de Emas, na localidade de Cachoeira de Emas, próximo a Pirassununga, vinculada à antiga Estação Experimental de Caça e Pesca de Emas, depois Estação de Piscicultura [e de Hidrobiologia] de Pirassununga, estabelecida em 1927 sob a liderança de Rodolpho Theodor Wilhelm Gaspar von Ihering (1883-1939), onde pesquisas ecológicas sobre o Cerrado foram iniciadas nos anos 1940 pelos professores da Universidade de São Paulo Felix Rawitcher (1890-1957), Mário Guimarães Ferri (1918-1985) e Leopoldo Coutinho e seus alunos, resultando numa profícua e ininterrupta série de pesquisas, dissertações de mestrado, teses de doutorado e publicações de pesquisa sobre a ecologia do Cerrado, embrião dos famosos Simpósios sobre o Cerrado iniciados por Mário Guimarães Ferri. Cachoeira de Emas pode ser considerada a grande herdeira e continuadora das pesquisas ecológicas no Cerrado iniciadas pelas expedições dinamarquesas em Lagoa Santa.

Gostaria de concluir esta apresentação oferecendo uma perspectiva mais otimista com relação à conservação dos biomas brasileiros e sua biodiversidade para contrabalançar a visão pessimista apresentada por Léo no capítulo final desta obra. Embora ele tenha tido amplos motivos para manifestar seu pessimismo, haja vista o acelerado grau de destruição e perda dos ecossistemas brasileiros especialmente no século XX, cabe lembrar algumas notícias alviçareiras: em nível mundial, o Brasil foi o país responsável pela maior expansão de áreas protegidas (Unidades de Conservação) nas décadas de 1990 e 2000, promoveu a maior redução de taxas de desmatamento na última década e realizou o maior esforço para avaliar o estado de conservação da fauna (e um grande esforço relativo à flora), além de ser o país com o maior número de espécies ameaçadas de extinção com planos de ação para sua recuperação e de possuir a maior rede de corredores ecológicos do planeta, criada por exigência do Código Florestal (áreas de preservação permanente e reservas legais, reforçadas por exigências do Cadastro Ambiental Rural aprovadas em 2012). Cabe ainda ressaltar que o Brasil teve uma grande expansão e consolidação de sua legislação ambiental e de suas instituições públicas ambientais a partir da década de 1970, conta com um eficiente e independente Ministério Público com a missão, entre outras, de zelar pelos interesses difusos (inclusive ambientais) da sociedade brasileira, e possui a maior comunidade científica no hemisfério Sul dedicada à biodiversidade, bem como o mais extenso e sistemático programa do mundo de monitoramento por satélite de biomas.

Em resumo, apesar das pressões antrópicas que persistem, o Brasil ainda conta com cerca de dois terços de seu território coberto por vegetação nativa (nem tudo bem conservado ou manejado sustentavelmente) e cerca de metade do território protegido legalmente (mesmo que a implementação das ações de conservação ainda fiquem a desejar). Se existe um país que pode plenamente alcançar a meta recentemente proposta por Edward O. Wilson, professor emérito da Universidade de Harvard, em seu novo livro *Half-Earth: our planet's fight for life* (2016), esse país é o Brasil, onde cerca de 17% do território nacional continental está designado como Unidades de Conservação (cerca de metade gerida pelo Governo Federal, por meio do Instituto Chico Mendes de Conservação da Biodiversidade, e a outra metade gerida por governos estaduais), cerca de 13% está designado e demarcado como terras indígenas e cerca de 20% está designado como propriedades privadas rurais definidas como áreas de preservação permanente e reservas legais pelo Código Florestal (atual Lei de Proteção à Vegetação Nativa, de 2012).

Com a ajuda do Léo conseguimos convencer os legisladores em Brasília a incluir um capítulo na revisão do Código Florestal aprovado em 2012 (Lei de Proteção à Vegetação Nativa, Lei n° 12.651, de 25 de maio de 2012) permitindo o uso do fogo prescrito como instrumento de manejo da vegetação, conforme transcrito a seguir:

CAPÍTULO IX - DA PROIBIÇÃO DO USO DE FOGO E DO CONTROLE DOS INCÊNDIOS

Art. 38. É proibido o uso de fogo na vegetação, exceto nas seguintes situações:

I - em locais ou regiões cujas peculiaridades justifiquem o emprego do fogo em práticas agropastoris ou florestais, mediante prévia aprovação do órgão estadual ambiental competente do Sisnama, para cada imóvel rural ou de forma regionalizada, que estabelecerá os critérios de monitoramento e controle;

II - emprego da queima controlada em Unidades de Conservação, em conformidade com o respectivo plano de manejo e mediante prévia aprovação do órgão gestor da Unidade de Conservação, visando ao manejo conservacionista da vegetação nativa, cujas características ecológicas estejam associadas evolutivamente à ocorrência do fogo;

III - atividades de pesquisa científica vinculada a projeto de pesquisa devidamente aprovado pelos órgãos competentes e realizada por instituição de pesquisa reconhecida, mediante prévia aprovação do órgão ambiental competente do Sisnama.

§ 1° Na situação prevista no inciso I, o órgão estadual ambiental competente do Sisnama exigirá que os estudos demandados para o licenciamento da atividade rural contenham planejamento específico sobre o emprego do fogo e o controle dos incêndios.

§ 2° Excetuam-se da proibição constante no caput as práticas de prevenção e combate aos incêndios e as de agricultura de subsistência exercidas pelas populações tradicionais e indígenas.

§ 3° Na apuração da responsabilidade pelo uso irregular do fogo em terras públicas ou particulares, a autoridade competente para fiscalização e autuação deverá comprovar o nexo de causalidade entre a ação do proprietário ou qualquer preposto e o dano efetivamente causado.

§ 4° É necessário o estabelecimento de nexo causal na verificação das responsabilidades por infração pelo uso irregular do fogo em terras públicas ou particulares.

Art. 39. Os órgãos ambientais do Sisnama, bem como todo e qualquer órgão público ou privado responsável pela gestão de áreas com vegetação nativa ou plantios florestais, deverão elaborar, atualizar e implantar planos de contingência para o combate aos incêndios florestais.

Art. 40. O Governo Federal deverá estabelecer uma Política Nacional de Manejo e Controle de Queimadas, Prevenção e Combate aos Incêndios Florestais, que promova a articulação institucional com vistas na substituição do uso do fogo no meio rural, no controle de queimadas, na prevenção e no combate aos incêndios florestais e no manejo do fogo em áreas naturais protegidas.

§ 1º A Política mencionada neste artigo deverá prever instrumentos para a análise dos impactos das queimadas sobre mudanças climáticas e mudanças no uso da terra, conservação dos ecossistemas, saúde pública e fauna, para subsidiar planos estratégicos de prevenção de incêndios florestais.

§ 2º A Política mencionada neste artigo deverá observar cenários de mudanças climáticas e potenciais aumentos de risco de ocorrência de incêndios florestais.

Afinal, os legisladores brasileiros recepcionaram as conclusões de décadas de pesquisa sobre a ecologia do fogo no Cerrado e nas demais savanas do mundo, bem como nos ecossistemas campestres e em muitos ecossistemas florestais. Isso permitirá considerar as funções ecológicas do fogo nas decisões de manejo de vegetações que apresentam histórico evolutivo de adaptação ao fogo, evitar os riscos de grandes incêndios associados ao acúmulo de biomassa resultante da ausência ou supressão do fogo e manter a heterogeneidade de fitofisionomias típica de biomas como o Cerrado brasileiro. Devemos isso em boa medida às pesquisas realizadas pelo Léo e por seus alunos! Para conhecer um bioma, como explica Léo, não basta conhecer sua estrutura e composição de espécies – é preciso conhecer seu funcionamento e dinâmica, como bem ilustra a pesquisa sobre ecologia do fogo no bioma Cerrado.

Convido todos, então, à leitura deste livro, em especial os jovens, para melhor conhecerem os biomas brasileiros e ajudarem a promover cada vez mais uma melhor conservação e uso sustentável da sua biodiversidade, como, aliás, preveem compromissos assumidos pelo Brasil perante a Convenção sobre Diversidade Biológica assinada no Rio de Janeiro em junho de 1992, na Conferência das Nações Unidas sobre o Meio Ambiente e o Desenvolvimento (Rio 92), e ratificada pelo Congresso Nacional em fevereiro de 1994.

Braulio Ferreira de Souza Dias
Secretário executivo da Convenção sobre Diversidade Biológica
e professor de Ecologia na Universidade de Brasília (UnB)

Sumário

Introdução, 17

1. Zonas climáticas da Terra e seus zonobiomas, 23
   1.1 Zonas climáticas (ZC) 23
   1.2 Zonobiomas (ZB) 26

2. Zonas climáticas, zonobiomas e seus principais biomas no Brasil, 31

3. Caracterização dos principais biomas no Brasil, 35
   3.1 Bioma Floresta Amazônica Densa Sempre-Verde de Terra Firme (eubioma) 38
   3.2 Bioma Floresta Amazônica Aberta Sempre-Verde de Terra Firme (eubioma) 42
   3.3 Bioma Floresta Amazônica Densa Sempre-Verde Ripária de Várzea e Igapó (helobioma) 43
   3.4 Bioma Savana Amazônica ou Campinarana (psamo-helo-peinobioma) 46
   3.5 Bioma Floresta Atlântica Densa Sempre-Verde de Encosta (orobioma) 49

3.6 Bioma Floresta Atlântica Densa Sempre-Verde de Terras Baixas ou de Planície (eubioma) 52
3.7 Bioma Floresta Atlântica Densa Sempre-Verde de Restinga (psamo-helobioma) 55
3.8 Bioma Floresta Atlântica Densa Sempre-Verde de Manguezal (halo-helobioma) 58
3.9 Bioma Floresta Tropical Estacional Densa Ripária (helobioma) 60
3.10 Bioma Floresta Tropical Estacional Densa Semidecídua (eubioma) 63
3.11 Bioma Floresta Tropical Estacional Densa Decídua (litobioma) 64
3.12 Bioma Savana Tropical Estacional (peino-pirobioma) 65
3.13 Bioma Savana Tropical Estacional Semiárida (eubioma) 73
3.14 Bioma Floresta Quente-Temperada Úmida Densa Sempre-Verde de Araucária (orobioma) 78
3.15 Bioma Floresta Quente-Temperada Úmida Semidecídua (eubioma) 80
3.16 Bioma Floresta Quente-Temperada Úmida Decídua (eubioma) 81

4. Sistemas complexos, 83
   4.1 Complexo do Pantanal 83
   4.2 Campos Sulinos (paleobioma?) 85

5. Biodiversidade em nível de biomas e sua conservação, 89

Definições, 117

Bibliografia, 121

Introdução

Muitos termos usados hoje em dia na linguagem cotidiana, seja pela mídia, seja pelo público em geral, pecam pela falta de uma conceituação mais precisa, mais correta. Isso causa uma série de confusões que dificultam o bom entendimento dos fatos. É o caso, por exemplo, da confusão que se costuma fazer entre tempo e clima e flora e vegetação.

Tempo, em seu sentido meteorológico, refere-se ao estado da atmosfera num dado momento ou período. Por essa razão, quando se pergunta como está o tempo, logo se olha para o céu. "O tempo hoje está nublado" – ou "ensolarado", ou "chuvoso" – é uma expressão comum de se ouvir no dia a dia. Não existe o clima de hoje, desta semana, deste mês. O termo *clima* representa o estado médio mensal da atmosfera, particularmente com relação à temperatura e à precipitação pluviométrica (chuva, granizo, neve), ao longo do ano, destacando sua uniformidade ou estacionalidade (sazonalidade) com o passar dos meses. Normalmente, para se estabelecer o clima de um local são usadas as médias das médias mensais de dez ou mais anos.

Distinção semelhante deve ser feita com relação aos termos *flora* e *vegetação*. Flora é algo abstrato, imaterial, fruto da atividade de botânicos, que batizaram as plantas com nomes científicos, por vezes bastante complicados para o público em geral, mas que permitem a sua identificação em âmbito internacional. Os nomes populares variam muito de uma região para outra; o que é abóbora num lugar é jerimum noutro; o que é pernilongo na Região Sul do Brasil é carapanã na Região Norte, ou muriçoca no Nordeste. Para evitar essa multiplicidade de nomes conforme a região, o país ou o continente, botânicos e zoólogos descrevem e registram as plantas e os animais com nomes científicos, obrigatoriamente escritos em latim, uma língua morta, que não se modifica mais. A descrição do novo organismo em publicações científicas, feita também em latim, cria oficialmente a nova espécie. O nome científico de um organismo é formado por um binômio: o gênero e a espécie. Mal comparando, é como se fossem o seu nome e sobrenome. O ser humano, por exemplo, pertence à espécie *Homo sapiens*; já o milho pertence à espécie *Zea mays*. Em qualquer ponto do planeta, com esses nomes científicos, o cientista saberá de que organismo se trata. Um gênero pode possuir várias espécies, da mesma forma que uma família pode reunir vários gêneros distintos.

No caso das plantas, as características mais importantes para a descrição de uma nova espécie são aquelas de seus aparelhos reprodutores, no caso, as flores. Por que elas e não os caules, as folhas ou as raízes? Porque as flores, com toda sua complexidade estrutural, indo desde a simetria floral, número de pétalas, número e posição dos estames, número e posição dos carpelos, entre outras características, refletem melhor o grau de semelhança e parentesco entre as espécies. Dessa forma, elas retratam melhor as características genéticas de uma determinada espécie. Isso explica por que é sempre necessário coletar as flores das plantas para poder identificá-las em um herbário oficial. As folhas e os demais órgãos das plantas podem fornecer características adicionais, que podem ajudar a identificação.

Flora – ou fauna, no caso dos animais – é, pois, o *conjunto de espécies* que ocorrem em um determinado local, região, país, enfim, em algum espaço geográfico delimitado. Pode-se falar em flora ou fauna de um pequeno campo, de uma baía, de um rio, de um município, de um país, do mundo. Portanto, não existia flora nem fauna antes que surgissem os botânicos e os zoólogos, pois até então não existiam nomes científicos para as plantas e os animais. No presente texto, quando se trata da flora ou da fauna, o autor se refere em geral a espécies vegetais ou animais de grupos evolutivamente mais superiores.

Já a *vegetação* é algo concreto, material, que surgiu há milhões de anos, independentemente da existência de botânicos. Ela é o *conjunto de plantas* que reveste a superfície de um espaço geográfico. Ela tem um aspecto, uma aparência, uma fitofisionomia (do grego *phyton* = planta e *physiognomia* = fisionomia) reproduzível por meio de desenhos ou fotos. Essa fitofisionomia depende da proporção das diferentes formas de crescimento de suas plantas (Fig. I.1), como árvores (plantas que possuem um tronco lenhoso, de onde saem os ramos ou galhos), arbustos (plantas também lenhosas, mas que não apresentam um tronco, saindo seus galhos já da proximidade do chão), palmeiras (plantas que apresentam uma estipe, caule sem ramificações, exceto suas inflorescências, provido de um tufo de folhas em sua extremidade), lianas (trepadeiras que, apesar de serem lenhosas, não conseguem se manter eretas, necessitando de algum apoio para crescer), touceiras (plantas cujos caules aéreos numerosos brotam diretamente de um caule que cresce subterraneamente e assim vai ampliando a touceira, como no caso do bambu e do capim) e ervas (plantas não lenhosas). As suculentas ou plantas carnosas, como os cactos, também podem ser consideradas uma forma de crescimento que pode caracterizar a fitofisionomia de uma vegetação.

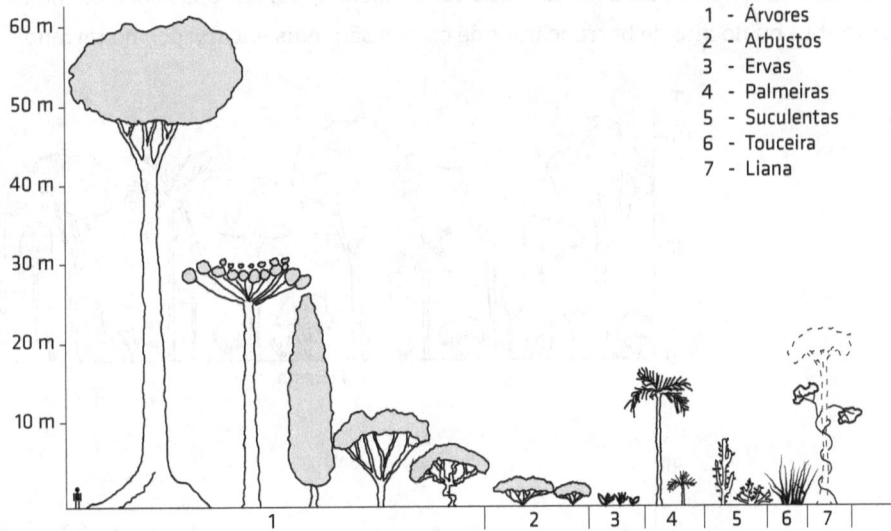

Fig. I.1 *Formas de crescimento das plantas*

Assim, qualquer tipo de floresta é definido como uma vegetação constituída predominantemente por árvores, mais ou menos densamente dispostas, cujas copas formam um "teto" ou dossel, que pode ser contínuo ou não, e em cujo interior predomina a sombra. Quando a vegetação é constituída essencialmente por arbustos, fala-se em escrube. Formações mais abertas, como as savanas, possuem uma "camada" ou estrato inferior de plantas herbáceas mais ou menos contínuo, com árvores e/ou arbustos formando um estrato descontínuo. Já a fitofisionomia de campo é totalmente aberta, apresentando apenas o estrato herbáceo, sem árvores ou arbustos. Finalmente, o deserto tem uma fitofisionomia pobre, quase desprovida de vegetação, com predomínio de solos nus, expostos ao sol, com uma ou outra erva, arbusto ou suculenta aqui ou acolá. A tundra do ártico e de grandes altitudes se assemelha ao campo. Sua vegetação é constituída em grande parte por gramíneas, liquens e musgos (Fig. I.2).

Ainda quanto às florestas, elas podem apresentar três fisionomias distintas no que diz respeito ao seu grau de enfolhamento durante o período seco ou de inverno: (a) sempre-verdes, quando a queda das folhas nunca se dá de uma vez só, mas pouco a pouco ao longo do ano; (b) semicaducifólias ou semidecíduas, quando cerca de 30% das árvores derrubam suas folhas concomitantemente; ou (c) caducifólias ou decíduas, quando mais de 50% delas derrubam suas folhas ao mesmo tempo (Fig. I.3). Além da fisionomia, as florestas se distinguem também quanto ao relevo; elas podem ocorrer nos interflúvios, isto é, nos terrenos mais elevados entre rios (terra firme), ou ocorrer nos fundos dos vales, às margens dos rios. Neste caso elas recebem o nome de florestas ripárias ou ribeirinhas. Elas podem ser inundáveis ou não, o que depende de estarem mais ao nível do rio e sujeitas, portanto, às suas enchentes e vazantes, ou no alto de barrancas, onde os rios são mais encaixados no terreno.

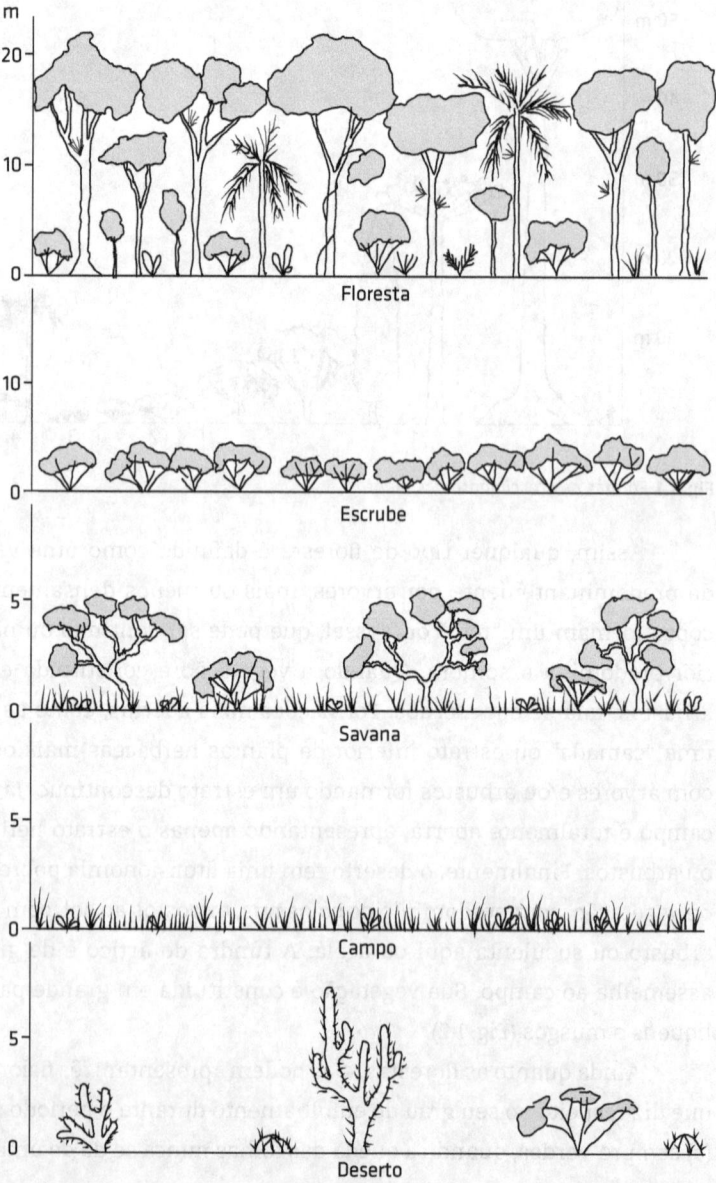

Fig. I.2 *Perfis fitofisionômicos*

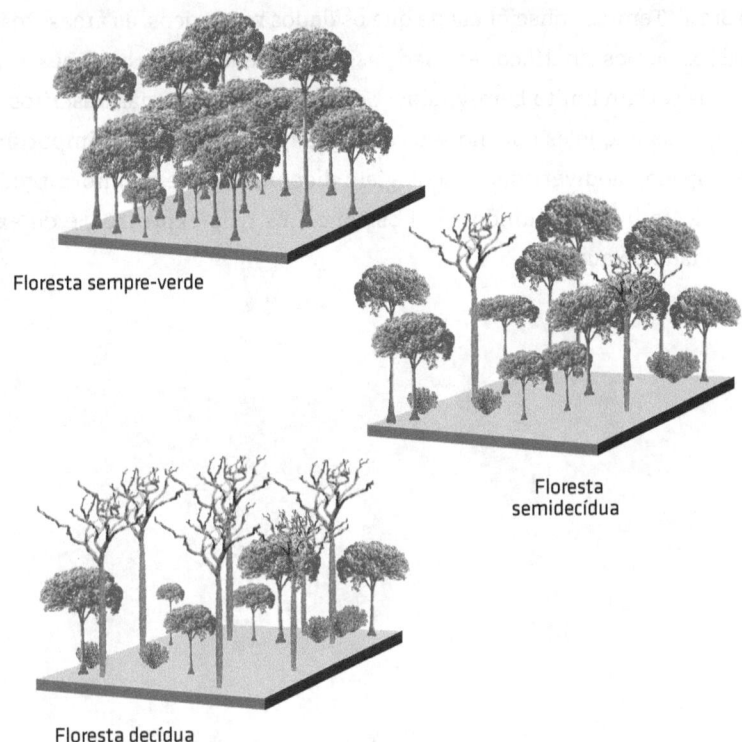

Fig. I.3 *Fisionomia de florestas no inverno em função do grau de enfolhamento*
Fonte: modificado de IBGE (2012).

Além da fitofisionomia, a vegetação tem uma *biomassa*, um porte ou altura, uma densidade. Ela pode ter uma grande ou pequena biomassa por hectare, pode ter grande ou pequena altura, pode ser densa ou aberta. Essas são mais algumas características que a distinguem da flora. A vegetação cresce, desenvolve-se, avoluma-se, rebrota, morre, pode inundar, queimar etc.; já a flora, não.

No caso dos animais, não existe um termo semelhante que se refira ao conjunto de animais que habitam um local. Alguns autores de língua inglesa usam o termo *faunation*, que em português seria faunação. O problema é que os animais se locomovem, se deslocam de um lugar para outro. Talvez fosse possível usar faunação para o caso de uma fauna fixa em algum substrato, como no caso dos arrecifes de corais, por exemplo.

Esses conceitos iniciais, básicos, são de fundamental importância para que se possa entender corretamente o que seja um bioma, termo hoje bastante utilizado pela mídia escrita e falada. A decisão de escrever o presente livro foi tomada em razão da vontade de se colocar à disposição da população, de escolas, universidades, instituições de pesquisa, profissionais ligados à política e ao direito ambiental, entre outros, um texto que viesse a unificar o conhecimento básico sobre *os principais biomas no Brasil*. Tem-se consciência de que os dados numéricos, as áreas e os limites dos biomas, os nomes científicos etc. são passíveis de eventuais correções e atualizações, as quais seriam muito bem-vindas. Com relação aos biomas descritos, o autor deteve-se apenas naqueles que, no seu conceito, apresentam maior importância em termos de espaço, biodiversidade, ecologia e disponibilidade de informações. Todo o conteúdo deste livro, incluindo-se aí os conceitos nele expressos, é de exclusiva responsabilidade do autor.

Zonas climáticas da Terra e seus zonobiomas 1

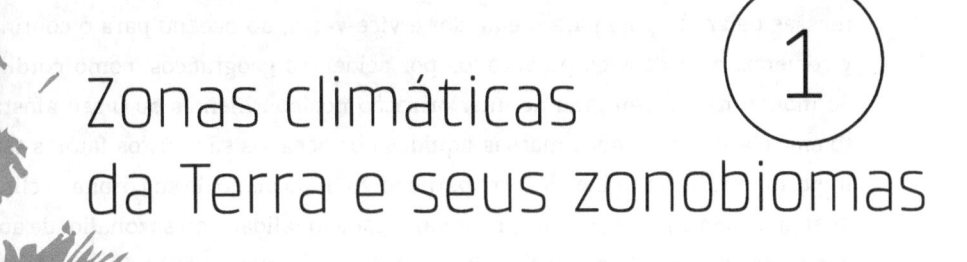

Devido à forma esférica do planeta Terra, sua superfície recebe de modo desigual a radiação proveniente do Sol. Na região próxima ao equador, os raios solares atingem a superfície terrestre mais perpendicularmente, criando ali uma região mais aquecida, denominada intertropical. À medida que se afasta dela, indo em direção aos polos, a incidência dos raios se faz em ângulos cada vez menores, chegando nos círculos polares a pouco mais que tangenciar a superfície do planeta. Por essa razão, a quantidade de energia solar que chega a essa região é muito menor, criando ali uma região fria, chamada de polar. Entre os trópicos e os polos têm-se regiões intermediárias, como a região subtropical, a temperada e a boreal.

1.1 Zonas climáticas (ZC)

Como o clima de uma região depende basicamente da quantidade de energia que chega a ela, proveniente do Sol, pode-se imaginar que o clima em nosso planeta varie, *grosso modo*, de acordo com zonas ou faixas latitudinais, aqui chamadas de zonas climáticas. Diz-se "grosso modo" porque outros fatores também afetam o clima de uma região, como a altitude, a direção e o sentido do deslocamento das massas de ar, do polo para o equador e vice-versa, do oceano para o continente e vice-versa, com desvios provocados por acidentes geográficos, como cordilheiras de montanhas. O seu grau de interiorização nos continentes ou o seu afastamento em relação às grandes massas líquidas dos oceanos são outros fatores também importantes. Fosse o eixo da Terra perpendicular ao plano de sua órbita, o clima, em qualquer zona climática, não apresentaria estacionalidade ou sazonalidade ao longo dos meses do ano. Essa estacionalidade é devida exatamente ao ângulo de inclinação do eixo terrestre em relação àquele plano, que é de 23° 27'. É essa inclinação que determina as estações do ano, tão mais distintas quanto maiores as latitudes.

O clima de uma região pode ser descrito textualmente por meio de suas características térmicas e pluviométricas ou representado por diagramas, os diagramas climáticos, ou climadiagramas. Esta é a forma mais usual de se caracterizar o clima, seja pela sua simplicidade, seja pela sua praticidade.

Diversos climatologistas procuraram classificar os climas do mundo criando sistemas de classificação. Neste livro será adotado um deles, o sistema de Heinrich Walter (1898-1989), ecólogo, climatologista e fitogeógrafo, diretor do Instituto de Botânica da Escola Superior de Agricultura da Universidade de Hohenheim, em Stuttgart, na Alemanha, reconhecido internacionalmente e autor de vários livros sobre o clima e a vegetação do mundo. Em seus diagramas climáticos, ou climadiagramas, Walter utiliza dois elementos do clima: a variação da temperatura média mensal e a variação da precipitação média mensal ao longo do ano, em escalas cuja proporção é de 1 para 2. Ou seja, o intervalo que representa 10 °C na ordenada do diagrama corresponde a 20 mm de chuva. Usando essa proporção entre as escalas, sempre que a curva de precipitação (P) estiver acima da curva de temperatura (T), isso representará um mês úmido (P > 2T); por outro lado, sempre que a curva de precipitação estiver abaixo da curva de temperatura, isso representará um mês seco (P < 2T). Assim sendo, o período seco do ano é o conjunto dos meses secos do ano; por equivalência, o período úmido do ano é o conjunto dos meses úmidos do ano. Vale lembrar que mês seco não é necessariamente aquele em que chove menos, mas sim aquele em que o retorno da água para a atmosfera, em estado de vapor – seja por evaporação da água na superfície do terreno, seja por transpiração dos organismos, sobretudo das plantas (evapotranspiração) –, é potencialmente maior que a precipitação pluviométrica (evapotranspiração potencial é aquela que ocorreria se solo e vegetação estivessem saturados de água). A maioria dos climatologistas aceita que, nessa proporção de 1 para 2, a curva de temperatura representa de modo adequado a evapotranspiração potencial ocorrida, uma vez que ela é primordialmente uma função da temperatura, da energia que chega ao local (Fig. 1.1).

Com base em seus climadiagramas de algumas centenas de localidades distribuídas por todo o planeta, Walter e Lieth reconheceram nove zonas climáticas. Os climadiagramas representados na Fig. 1.2 servem para exemplificar os nove tipos climáticos anteriormente referidos.

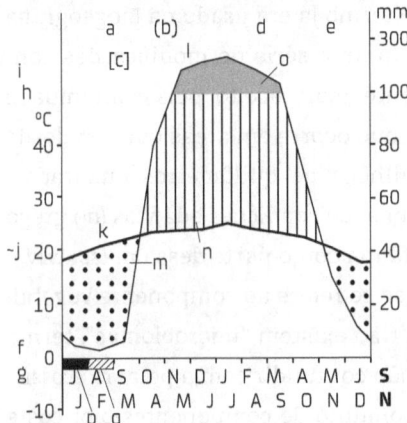

a - Posto meteorológico
b - Altitude
c - Número de anos de observação (onde há dois valores; o primeiro indica a temperatura, e o segundo, a precipitação)
d - Temperatura média anual
e - Precipitação média anual
f - Média diária das temperaturas mínimas do mês mais frio
g - Mínima absoluta registrada
h - Média diária das temperaturas máximas do mês mais quente
i - Máxima absoluta registrada
j - Flutuação da temperatura média diária
k - Curva da temperatura média mensal
l - Curva da precipitação média mensal
m - Estação seca
n - Estação úmida
o - Precipitação média mensal > 100 mm; estação superúmida
p - Mês com a média das mínimas diárias abaixo de 0° C
q - Mês com a mínima absoluta abaixo de 0° C

Nem todos esses dados existem para todos os postos meteorológicos

S - Hemisfério Sul
N - Hemisfério Norte

Fig. 1.1 Construção do diagrama climático

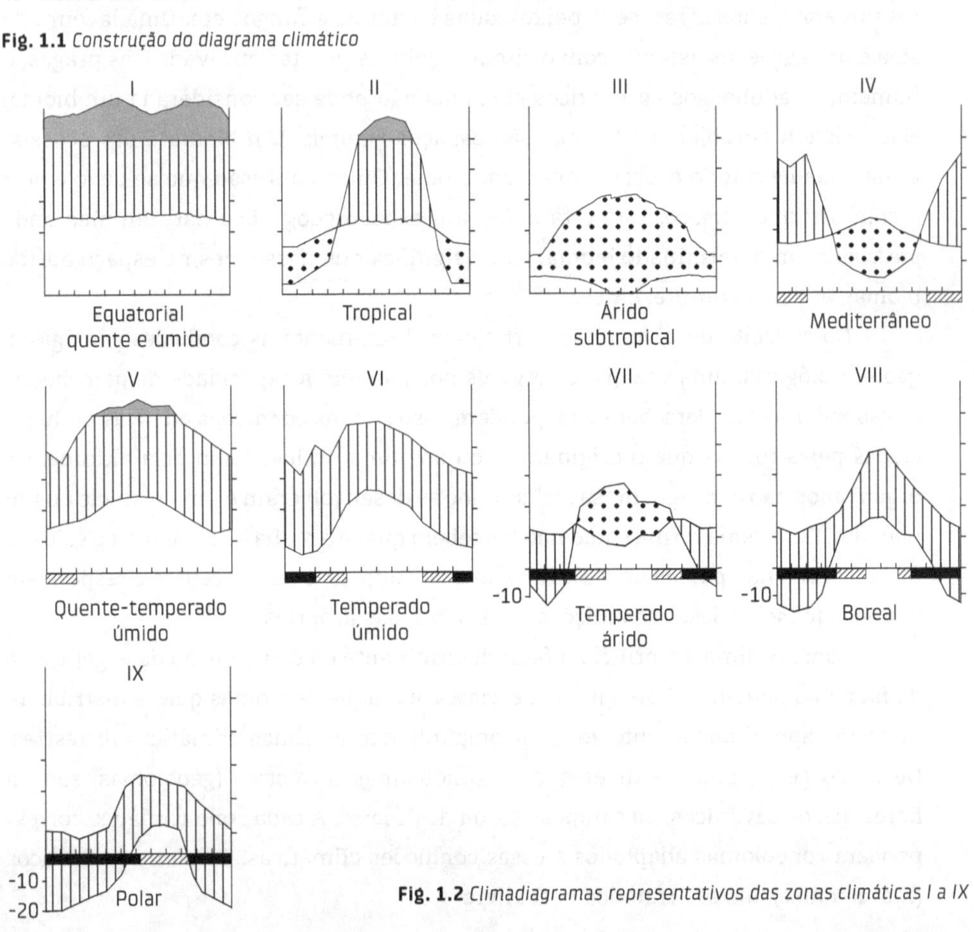

Fig. 1.2 Climadiagramas representativos das zonas climáticas I a IX

1.2 Zonobiomas (ZB)

Etimologicamente, o termo *bioma* (do grego *bios* = vida e *oma* = massa) significa um volume, uma massa de seres vivos. Esse termo já era usado na Biogeografia desde meados do século passado, tendo sofrido uma série de modificações conceituais até chegar ao seu conceito atualmente mais aceito pela comunidade científica, isto é, um espaço geográfico natural que ocorre em áreas que vão desde algumas dezenas de milhares até alguns milhões de quilômetros quadrados, caracterizando-se pela sua uniformidade de clima, de condições edáficas (do grego *édaphos* = solo) e de fitofisionomia. Ele inclui a fauna como parte dessa massa viva, ampliando o termo *formação*, antes usado, que só se refere ao componente vegetal. Portanto, bioma é um macroambiente natural. Não existem "microbiomas", termo que alguns autores propõem indevidamente. Não confundir com a palavra *ecossistema*, termo empregado para se referir a um conjunto de componentes bióticos e abióticos que se relacionam criando um todo funcional, independente de ser natural ou não ou do espaço geográfico que ocupe. Um grande lago natural ou uma pequena represa artificial constituem ecossistemas, com sua água, seus nutrientes minerais, suas algas, seus peixes, suas bactérias e fungos etc. Uma lavoura de soja é um agroecossistema, com o clima, o solo, as plantas cultivadas, as pragas, o homem, os adubos, os agrotóxicos etc., mas não pode ser considerada um bioma. Não existem agrobiomas! Biomas são espaços *naturais*. Um bioma é um ecossistema, mas nem todo ecossistema é um bioma. Outra confusão que se deve evitar é com o termo *domínio*. Este é também um espaço geográfico natural, mas onde *predomina* um determinado bioma, o que significa que nesse mesmo espaço outros biomas podem estar presentes.

Do conceito de bioma não participam diretamente as condições geológicas, geomorfológicas, uma vez que os organismos não têm a capacidade de percebê-las e responder a elas. Percebem e respondem, isso sim, às condições edáficas, influenciadas pelas rochas que o originaram, ou ao clima, influenciado pela altitude. Os organismos não conseguem "saber" se onde se desenvolveram é uma planície ou um planalto. Da mesma forma como não percebem qual é a rocha que originou o solo em que crescem, não percebem a altitude ou a latitude do local. Percebem e respondem às consequências dessas condições, mas não a elas próprias.

Como o clima é o principal fator determinante da distribuição da vegetação e da fauna no planeta, dá-se o nome de *zonobiomas* àqueles biomas que se distribuem de forma aproximadamente zonal, acompanhando as zonas climáticas terrestres. De modo geral, pode-se dizer que os zonobiomas terrestres (geobiomas) são ou florestais, ou savânicos, ou campestres, ou de deserto. A cada zona climática correspondem zonobiomas adaptados a essas condições climáticas. Os biomas aquáticos (hidrobiomas) não são tratados neste livro.

A classificação internacional dos zonobiomas, feita basicamente em função do clima e da fitofisionomia, pode ser vista no Quadro 1.1. Nesse quadro, o termo *savana* tem um significado que vai além de uma fitofisionomia. Como um zonobioma, ele representa um espaço geográfico em nível planetário, cuja vegetação é constituída por um *gradiente* de fitofisionomias, ou formações, que vão desde o campo até a floresta, passando por fisionomias de savana, distribuídas *em mosaico*. O leitor poderia argumentar, então, que as savanas não têm uma fitofisionomia uniforme. O contra-argumento é que um tabuleiro de xadrez também não é uniforme: ele tem quadrados brancos e quadrados pretos. Todavia, um campo de futebol recoberto por milhares de tabuleiros de xadrez torna-se uniforme. Tudo é uma questão de escala. Assim como se têm florestas tropicais, quente-temperadas, temperadas, boreais, também pode haver savanas em diferentes tipos de clima. No planeta, as savanas tropicais situam-se entre as florestas pluviais tropicais e os desertos e semidesertos da África, Austrália e América do Sul.

Quadro 1.1 Classificação das zonas climáticas com seus respectivos climas e zonobiomas

Zona climática	Clima	Zonobiomas
I	Tropical pluvial (ou equatorial), úmido e quente, cujas variações maiores de temperatura ocorrem dentro de períodos diários	I. Florestas e savanas tropicais pluviais (ou equatoriais)
II	Tropical estacional (ou tropical), com chuvas de primavera/verão e outono/inverno seco	II. Florestas e savanas tropicais estacionais (ou tropicais)
III	Subtropical árido	III. Desertos quentes
IV	Mediterrâneo, com chuvas de inverno e verão seco	IV. Chaparral, maqui mediterrâneo
V	Quente-temperado úmido	V. Florestas quente-temperadas
VI	Temperado úmido, com inverno curto	VI. Florestas temperadas
VII	Temperado árido	VII. Estepes ou desertos frios
VIII	Boreal	VIII. Taiga
IX	Polar	IX. Tundra

O mapa da África (Fig. 1.3) é um bom exemplo para se mostrar essa distribuição em faixas latitudinais das zonas climáticas. Nos outros continentes, cordilheiras de montanhas, correntes marinhas e outros fatores distorcem, interrompem, expandem essas faixas, tornando-as menos evidentes.

Nas regiões de serras e cadeias de montanhas, os biomas variam conforme a latitude, mas também conforme a altitude, como na Serra do Mar e na Serra da Mantiqueira do Sudeste brasileiro, na Serra do Espinhaço, no interior do Estado de Minas Gerais, em Pacaraima e Parimã, no extremo norte de nosso país, nos Alpes, nos Andes e no Himalaia. Nessas regiões serranas é possível distinguir uma faixa baixomontana ou submontana, uma montana e uma altimontana, dependendo da altitude a que se chegue. O Kilimandjaro (5.895 m), situado na África, ergue-se em plena savana tropical estacional (ZC II). À medida que aumenta a altitude, a vegetação vai se alterando para aquelas de clima mais frio, até que em seu cume exista neve permanente, como nos polos. Essas faixas altitudinais não representam, portanto, biomas zonais, uma vez que há até neve próximo ao equador, mas biomas extrazonais. No caso específico, *orobiomas* (do grego *oros* = montanha).

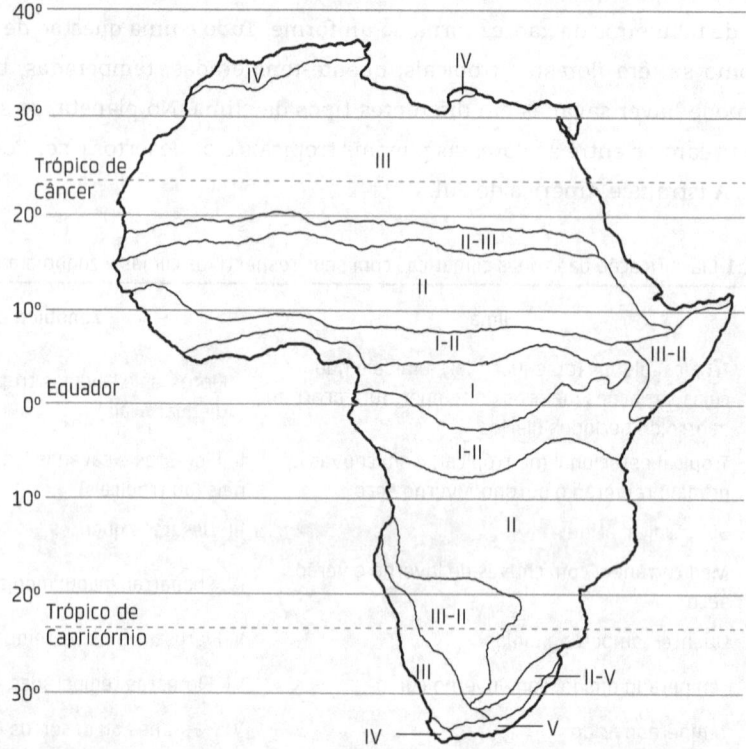

Fig. 1.3 *África e suas zonas climáticas*
Fonte: Walter (1986).

Quando um bioma é determinado, condicionado apenas pelo clima, os ecólogos falam em *eubioma* (do grego *eu* = bem, bom). A floresta de planície da região litorânea do Brasil, a floresta amazônica de terra firme e as florestas tropicais estacionais semidecíduas do interior são exemplos de eubiomas. Quando, além do clima, o solo age como um determinante, fala-se em *pedobioma* (do grego *pédon* = solo; o prefixo *pédon* refere-se aqui ao solo de uma maneira geral, incluindo-se sua origem, gênese, classificação etc., enquanto *édaphos* refere-se às características mais ecológicas dos solos, como acidez, riqueza ou pobreza nutricional, disponibilidade hídrica e espessura, entre outras). Quando o encharcamento do substrato é o fator determinante, dificultando a respiração das raízes, fala-se em *helobioma* (do grego *hélos* = prego), provavelmente porque ali as plantas "pregam", fixam suas raízes no leito da lâmina de água. Quando o ambiente é salino e inundável, como nos manguezais, tem-se um *halo-helobioma* (do grego *halos* = sal, mar). Se o solo for totalmente arenoso, sendo essa característica um determinante, fala-se em *psamobioma* (do grego *psámmos* = areia). Quando o solo é extremamente pobre em nutrientes, fala-se em *peinobioma* (do grego *peina* = fome, deficiência). Se o fogo natural, proveniente de raios, for determinante, tem-se um *pirobioma* (do grego *pyrás* = fogueira). Assim, cada zonobioma pode apresentar, além de seu eubioma típico, representativo da sua zona climática, outros tipos de bioma, determinados por um segundo ou terceiro fator ambiental, também importante na seleção das formas de crescimento e das espécies.

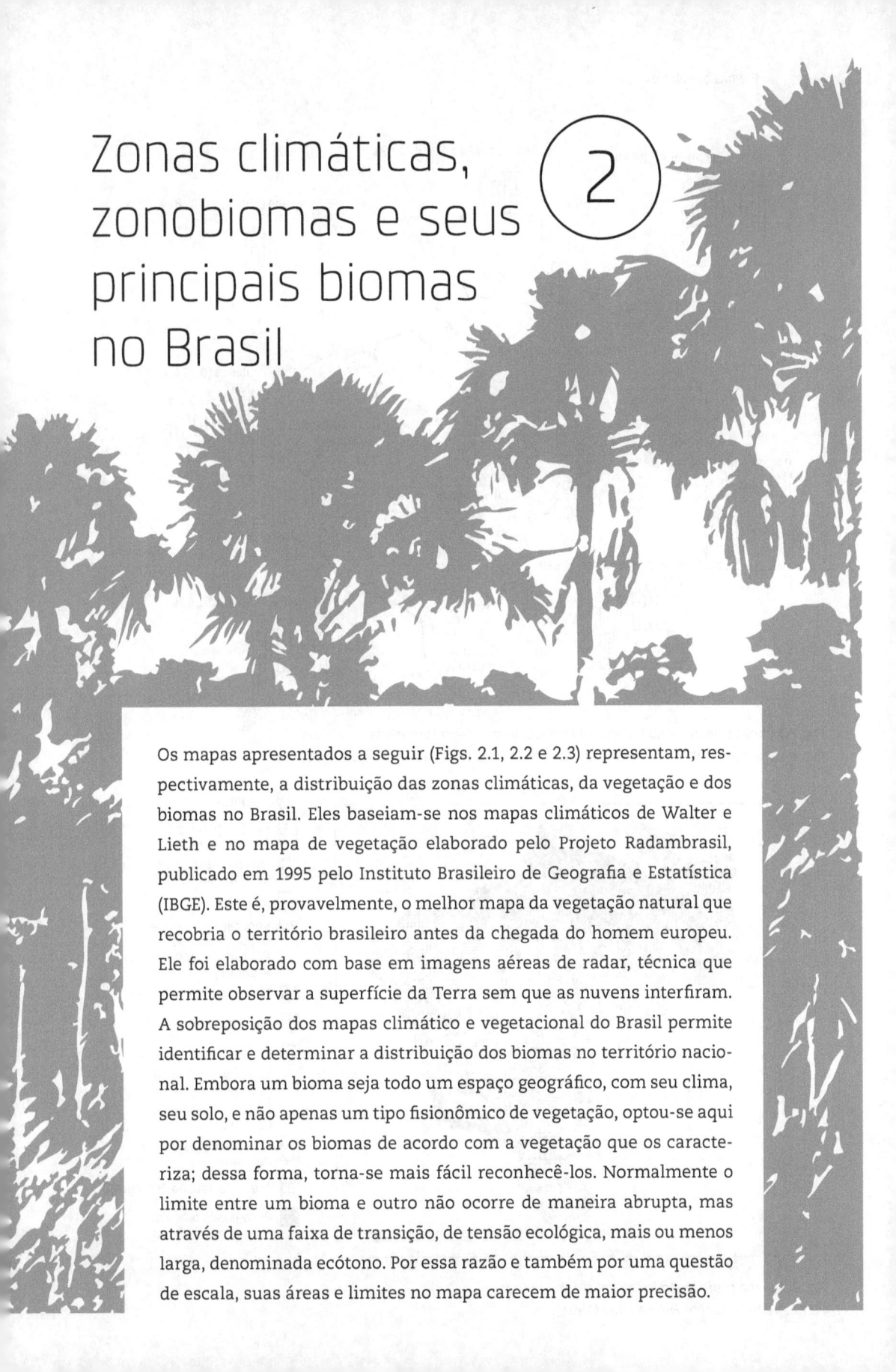

Zonas climáticas, zonobiomas e seus principais biomas no Brasil

2

Os mapas apresentados a seguir (Figs. 2.1, 2.2 e 2.3) representam, respectivamente, a distribuição das zonas climáticas, da vegetação e dos biomas no Brasil. Eles baseiam-se nos mapas climáticos de Walter e Lieth e no mapa de vegetação elaborado pelo Projeto Radambrasil, publicado em 1995 pelo Instituto Brasileiro de Geografia e Estatística (IBGE). Este é, provavelmente, o melhor mapa da vegetação natural que recobria o território brasileiro antes da chegada do homem europeu. Ele foi elaborado com base em imagens aéreas de radar, técnica que permite observar a superfície da Terra sem que as nuvens interfiram. A sobreposição dos mapas climático e vegetacional do Brasil permite identificar e determinar a distribuição dos biomas no território nacional. Embora um bioma seja todo um espaço geográfico, com seu clima, seu solo, e não apenas um tipo fisionômico de vegetação, optou-se aqui por denominar os biomas de acordo com a vegetação que os caracteriza; dessa forma, torna-se mais fácil reconhecê-los. Normalmente o limite entre um bioma e outro não ocorre de maneira abrupta, mas através de uma faixa de transição, de tensão ecológica, mais ou menos larga, denominada ecótono. Por essa razão e também por uma questão de escala, suas áreas e limites no mapa carecem de maior precisão.

32 Biomas brasileiros

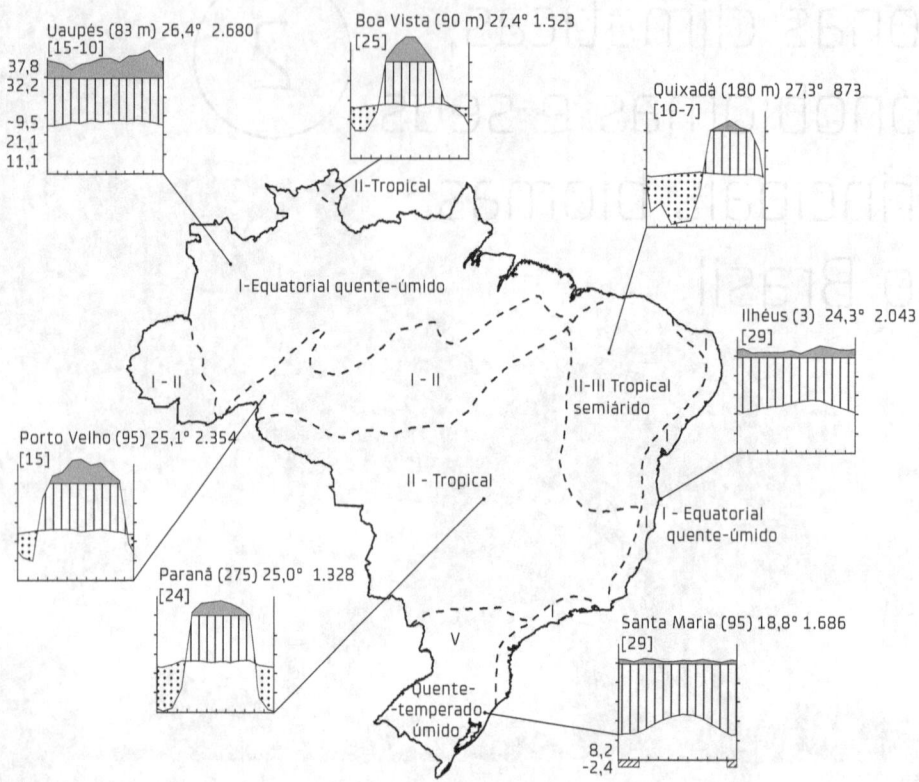

Fig. 2.1 *Zonas climáticas no Brasil com climadiagramas representativos*
Fonte de dados: Embrapa (www.bdclima.cnpm.embrapa.br) e Walter e Lieth (1960).

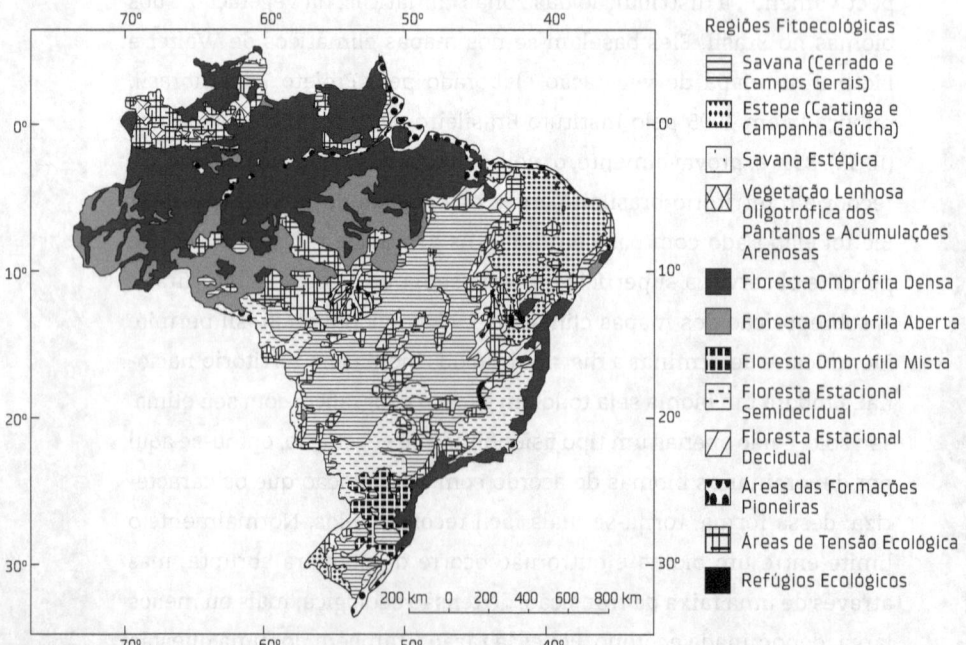

Fig. 2.2 *Mapa fitofisionômico da vegetação do Brasil*
Fonte: Veloso, Rangel Filho e Lima (1991).

Zonas climáticas, zonobiomas e seus principais biomas no Brasil

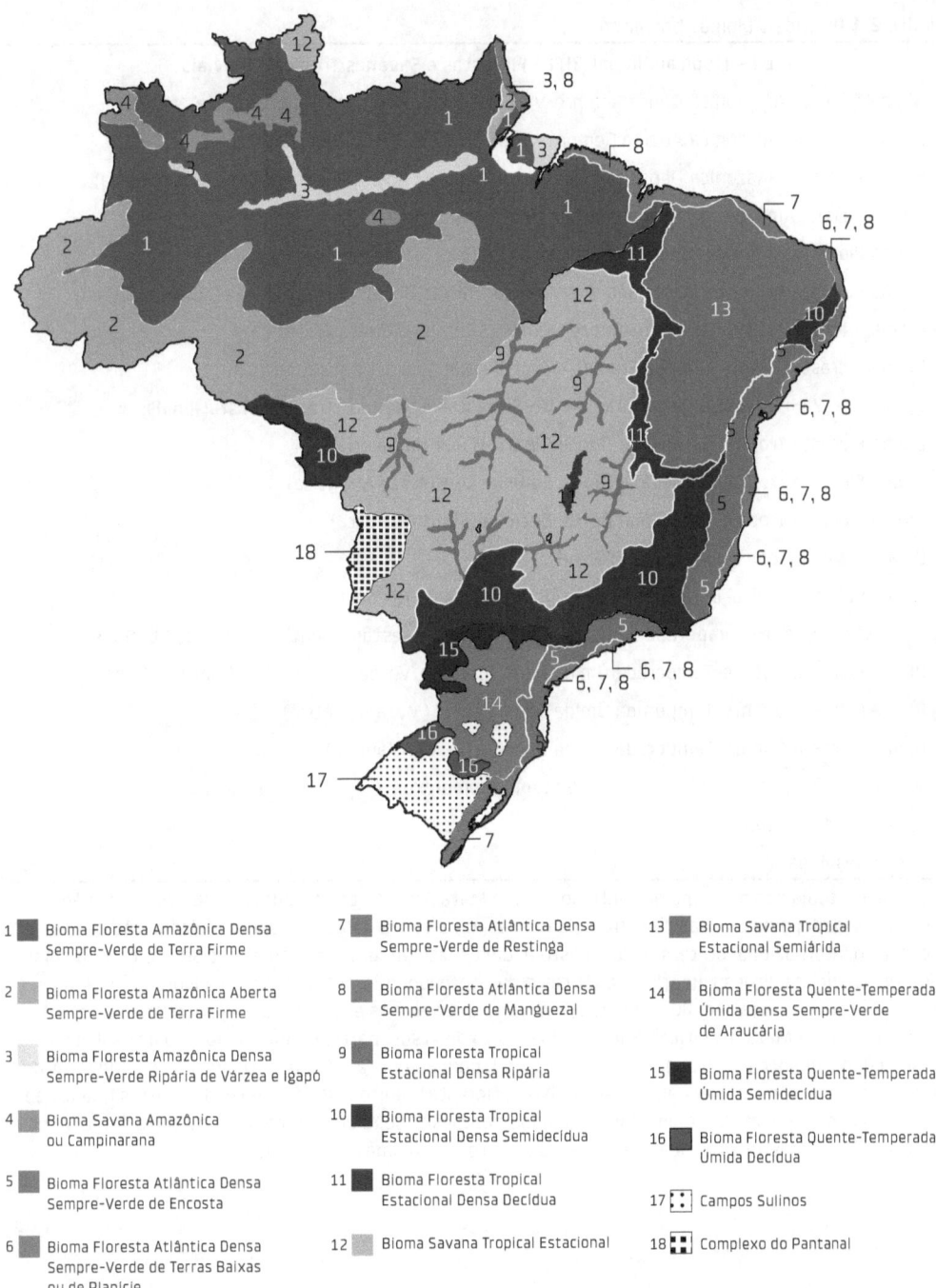

1 ■ Bioma Floresta Amazônica Densa Sempre-Verde de Terra Firme	7 ■ Bioma Floresta Atlântica Densa Sempre-Verde de Restinga	13 ■ Bioma Savana Tropical Estacional Semiárida
2 ■ Bioma Floresta Amazônica Aberta Sempre-Verde de Terra Firme	8 ■ Bioma Floresta Atlântica Densa Sempre-Verde de Manguezal	14 ■ Bioma Floresta Quente-Temperada Úmida Densa Sempre-Verde de Araucária
3 ■ Bioma Floresta Amazônica Densa Sempre-Verde Ripária de Várzea e Igapó	9 ■ Bioma Floresta Tropical Estacional Densa Ripária	15 ■ Bioma Floresta Quente-Temperada Úmida Semidecídua
4 ■ Bioma Savana Amazônica ou Campinarana	10 ■ Bioma Floresta Tropical Estacional Densa Semidecídua	16 ■ Bioma Floresta Quente-Temperada Úmida Decídua
5 ■ Bioma Floresta Atlântica Densa Sempre-Verde de Encosta	11 ■ Bioma Floresta Tropical Estacional Densa Decídua	17 ⋮ Campos Sulinos
6 ■ Bioma Floresta Atlântica Densa Sempre-Verde de Terras Baixas ou de Planície	12 ■ Bioma Savana Tropical Estacional	18 ▦ Complexo do Pantanal

Fig. 2.3 *Mapa dos principais biomas no Brasil, Pantanal e Campos Sulinos*

Os principais biomas e outros espaços geográficos presentes no Brasil, de acordo com sua classificação por zona climática (ZC) e por zonobioma (ZB), estão apresentados no Quadro 2.1.

Quadro 2.1 Principais biomas brasileiros

ZC I – Tropical Pluvial: ZB I – Florestas e Savanas Tropicais Pluviais
1 - Bioma Floresta Amazônica Densa Sempre-Verde de Terra Firme (Mata Amazônica)*
2 - Bioma Floresta Amazônica Aberta Sempre-Verde de Terra Firme (Mata Amazônica)
3 - Bioma Floresta Amazônica Densa Sempre-Verde Ripária de Várzea e Igapó (Mata Amazônica)
4 - Bioma Savana Amazônica ou Campinarana (Mata Amazônica)
5 - Bioma Floresta Atlântica Densa Sempre-Verde de Encosta (Mata Atlântica)*
6 - Bioma Floresta Atlântica Densa Sempre-Verde de Terras Baixas ou de Planície (Mata Atlântica)
7 - Bioma Floresta Atlântica Densa Sempre-Verde de Restinga (Mata Atlântica)
8 - Bioma Floresta Atlântica Densa Sempre-Verde de Manguezal (Mata Atlântica)
ZC II – Tropical Estacional: ZB II – Florestas e Savanas Tropicais Estacionais
1 - Bioma Floresta Tropical Estacional Densa Ripária (Ciliar ou Galeria)
2 - Bioma Floresta Tropical Estacional Densa Semidecídua (Mata Atlântica)
3 - Bioma Floresta Tropical Estacional Densa Decídua (Mata Atlântica)
4 - Bioma Savana Tropical Estacional (Cerrado)
5 - Bioma Savana Tropical Estacional Semiárida (Caatinga do Nordeste)
ZC V – Quente-Temperada Sempre Úmida: ZB V – Florestas Quente-Temperadas Úmidas
1 - Bioma Floresta Quente-Temperada Úmida Densa Sempre-Verde de Araucária (Mata Atlântica)
2 - Bioma Floresta Quente-Temperada Úmida Semidecídua (Mata Atlântica)
3 - Bioma Floresta Quente-Temperada Úmida Decídua (Mata Atlântica)
Sistemas complexos
1 - Complexo do Pantanal
2 - Campos Sulinos

*O que se costuma chamar popularmente de "bioma Mata Amazônica" e "bioma Mata Atlântica" não são, em realidade, biomas, mas conjuntos de biomas, uma vez que não apresentam a condição básica do conceito internacional do termo *bioma*, isto é: um espaço geográfico natural que se caracteriza pela *uniformidade* de condições climáticas, edáficas e de fitofisionomia. O Manguezal e a Floresta de Araucária, por exemplo, nada têm de semelhança, em qualquer desses aspectos, para justificar sua inclusão no mesmo "bioma Mata Atlântica". São espaços muito diversos, particularmente quanto aos solos e à sua salinidade, quanto à altitude, ao clima, à fitofisionomia, à flora e à fauna. O mesmo se pode dizer do "bioma Mata Amazônica". Naquele espaço existem florestas muito distintas umas das outras quanto ao ambiente em que vivem, como um igapó inundado por meses seguidos e uma mata de terra firme, nunca inundável. São ambientes de vida diferentes, portanto, são biomas diferentes.

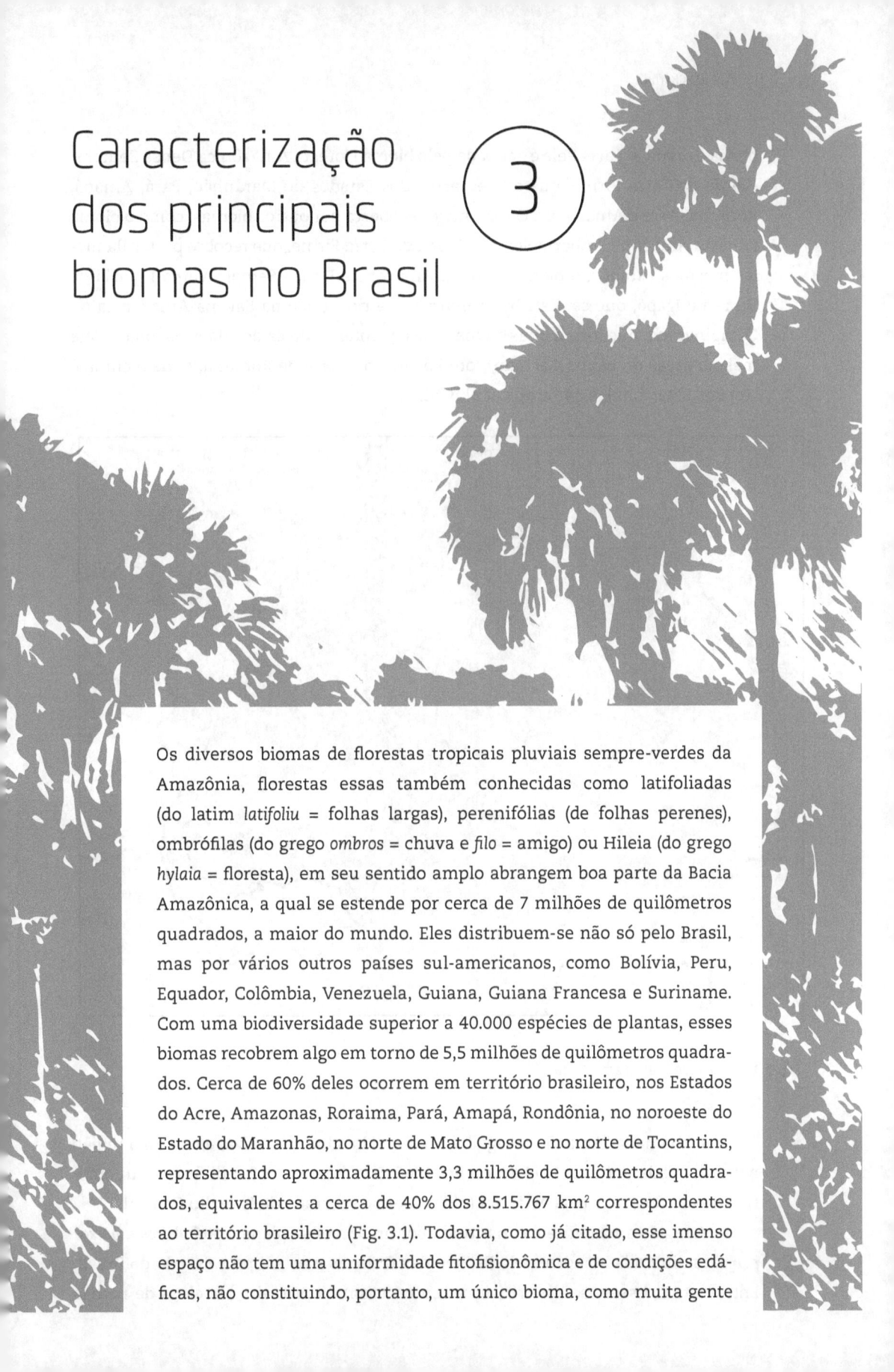

Caracterização dos principais biomas no Brasil

3

Os diversos biomas de florestas tropicais pluviais sempre-verdes da Amazônia, florestas essas também conhecidas como latifoliadas (do latim *latifoliu* = folhas largas), perenifólias (de folhas perenes), ombrófilas (do grego *ombros* = chuva e *filo* = amigo) ou Hileia (do grego *hylaia* = floresta), em seu sentido amplo abrangem boa parte da Bacia Amazônica, a qual se estende por cerca de 7 milhões de quilômetros quadrados, a maior do mundo. Eles distribuem-se não só pelo Brasil, mas por vários outros países sul-americanos, como Bolívia, Peru, Equador, Colômbia, Venezuela, Guiana, Guiana Francesa e Suriname. Com uma biodiversidade superior a 40.000 espécies de plantas, esses biomas recobrem algo em torno de 5,5 milhões de quilômetros quadrados. Cerca de 60% deles ocorrem em território brasileiro, nos Estados do Acre, Amazonas, Roraima, Pará, Amapá, Rondônia, no noroeste do Estado do Maranhão, no norte de Mato Grosso e no norte de Tocantins, representando aproximadamente 3,3 milhões de quilômetros quadrados, equivalentes a cerca de 40% dos 8.515.767 km² correspondentes ao território brasileiro (Fig. 3.1). Todavia, como já citado, esse imenso espaço não tem uma uniformidade fitofisionômica e de condições edáficas, não constituindo, portanto, um único bioma, como muita gente pensa e divulga. Parte dele é ocupada pelo bioma Floresta Amazônica Densa Sempre-Verde de Terra Firme, que cobre partes dos Estados do Maranhão, Pará, Amapá, Roraima, Acre e Amazonas. O restante é recoberto por outros biomas, como o bioma Floresta Amazônica Aberta Sempre-Verde de Terra Firme, que recobre partes daqueles mesmos Estados, o bioma Floresta Amazônica Densa Sempre-Verde Ripária de Várzea e Igapó, que se distribui à margem de rios, o bioma Savana Amazônica ou Campinarana, que forma ilhas ou manchas no interior do Estado do Amazonas, e até mesmo áreas do bioma Cerrado, como ocorre no norte de Roraima, onde o clima é tropical estacional, e não tropical pluvial.

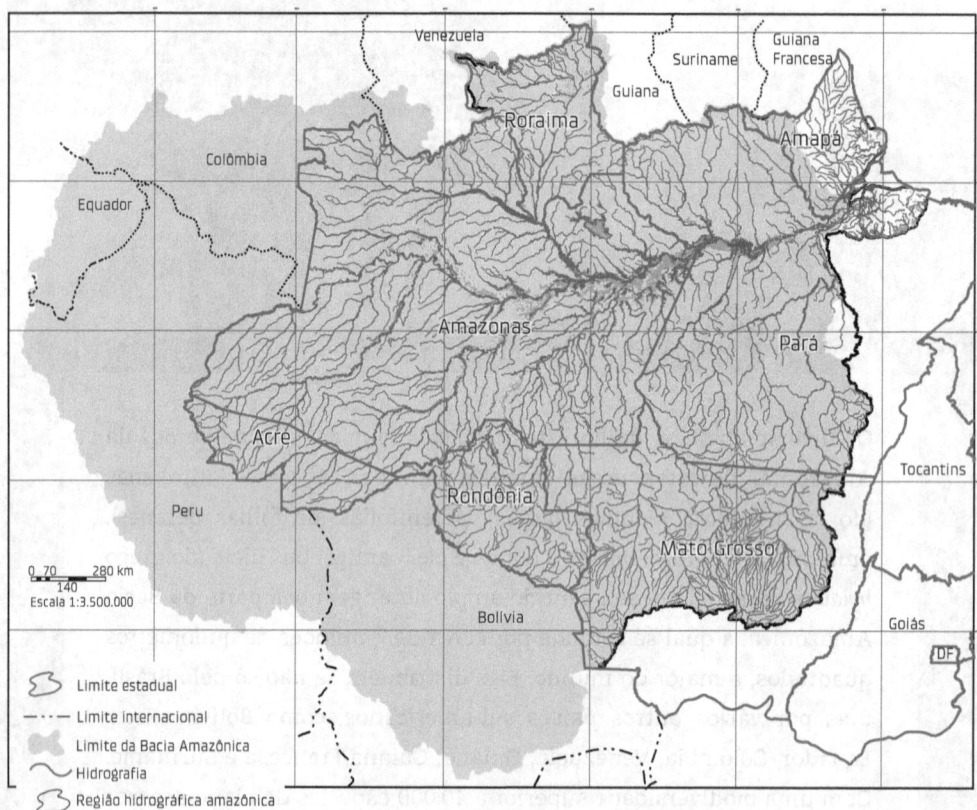

Fig. 3.1 *Região hidrográfica amazônica*

A chamada "Amazônia Legal" é uma região administrativa, e não uma região natural, criada por uma Lei Federal em 1966. Sua área tem 5,2 milhões de quilômetros quadrados, mas nela estão incluídas áreas de cerrado do Planalto Central.

A região amazônica é constituída por uma imensa planície, *tabuleiros* e *baixos planaltos*, limitada ao norte pelo Escudo das Guianas e ao sul pelo Escudo do Brasil. Entre outros, esses *escudos cristalinos* representam os primeiros núcleos de rochas emersas que afloraram desde o início da formação da crosta terrestre. Entre o rio Uaupés, no alto rio Negro, e Belém do Pará, na foz do rio Amazonas, a diferença de altitude é de apenas 73 m (Fig. 3.2). Isso faz com que os rios escoem lentamente em direção ao mar e que, na época de maior pluviosidade, muitas áreas se alaguem, formando as várzeas à margem dos rios; há outras áreas que, por serem baixios, ficam quase permanentemente inundadas ao longo do ano, constituindo os igapós (não confundir com igarapés, que são pequenos riachos dentro da floresta). As planícies de várzeas apresentam terrenos mais recentes, de até 2 milhões de anos (Quaternário). Já no baixo planalto, que pode chegar a 200 m de altitude, os terrenos são mais antigos, com até 65 milhões de anos (Terciário, hoje chamado Paleógeno). Nas encostas das serras situadas no extremo norte afloram sedimentos do Paleozoico/Mesozoico, com idades de até 600 milhões de anos. Acima disso surge o Escudo Cristalino, com rochas de idades maiores que 600 milhões de anos. Ali se situa o Pico da Neblina, 2.993 m acima do nível do mar (Fig. 3.3).

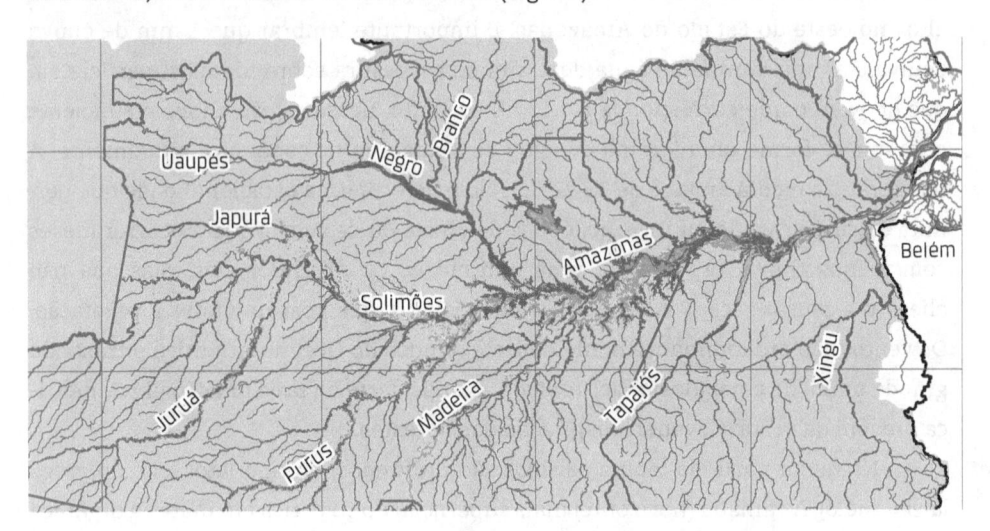

Fig. 3.2 *Entre o rio Uaupés e a foz do rio Amazonas, a diferença de altitude é de apenas 73 m*

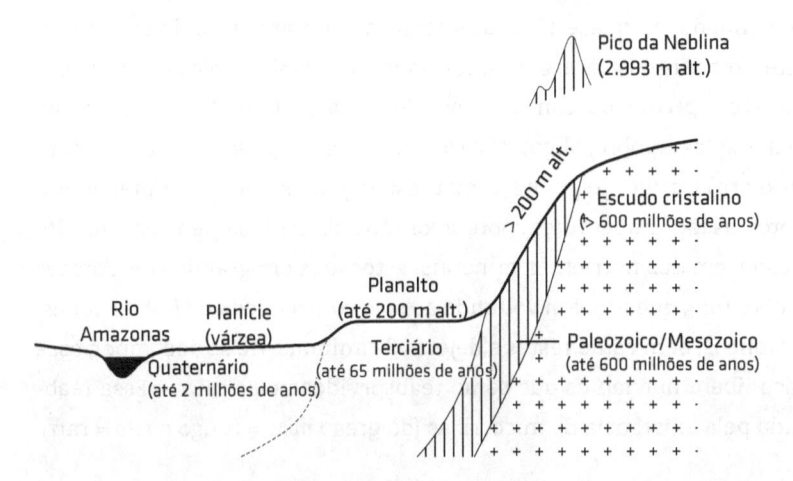

Fig. 3.3 *Perfil geológico esquemático do norte da Amazônia*

É curioso notar que no rio Negro, próximo a Manaus, o leito situa-se abaixo do atual nível do mar, o que pode significar que essa região teria sido anteriormente erodida, em razão do abaixamento do nível do mar no passado geológico. Todavia, explicações mais recentes mostram que a questão não é tão simples assim, envolvendo fatores de natureza *tectônica*.

3.1 Bioma Floresta Amazônica Densa Sempre-Verde de Terra Firme (eubioma)

Esse bioma amazônico se estende por planícies, tabuleiros e baixos planaltos de partes dos Estados do Acre, Amazonas, Roraima, Pará, Amapá, Mato Grosso e Maranhão, tendo uma área de aproximadamente 1,6 milhão de quilômetros quadrados. Nunca fica sujeito a inundações pela enchente dos rios.

O clima característico é o tropical pluvial (equatorial), quente e úmido, com índices pluviométricos da ordem de 2.000 mm a quase 4.000 mm anuais, sendo mais altos no oeste do Estado do Amazonas. É importante lembrar que 1 mm de chuva equivale a uma lâmina de água de 1 mm de espessura sobre toda a superfície em que choveu, o que corresponde a 1 L/m². Portanto, nessa região chove o suficiente para que se forme uma lâmina de água de 2 m a 4 m de espessura anualmente. A temperatura média anual é de 25-27 °C. Não existe ali uma estacionalidade que permita distinguir verão ou inverno, época de chuva ou de seca. Podem ocorrer meses com menos chuva, provocando uma diminuição do nível dos rios, mas que não chegam a causar seca (P < 2T) por períodos longos, que possam afetar a vegetação. Os ventos são predominantemente de leste, vindos do Oceano Atlântico e trazendo grande umidade e nebulosidade. Todavia, grande parte da precipitação pluviométrica provém da própria evapotranspiração das florestas.

Na maior parte do bioma os solos são profundos, do tipo latossolo (do grego *later* = tijolo). A camada (horizonte) mais superficial do solo, rica em matéria orgânica e de cor escura, é coberta pela *serapilheira* em decomposição. A produção anual de serapilheira foi estimada em quase 10 t/ha. A textura, ou granulação do solo, é predominantemente arenoargilosa a argilosa, formando latossolos típicos das regiões tropicais úmidas. O seu pH é ácido, com alto nível de íons alumínio. Nutricionalmente a parte mineral dos solos é pobre, oligotrófica (do grego *oligo* = pouco e *trofo* = alimento, nutrição) ou distrófica (do grego *dys* = mau estado). Mas como compreender a existência de florestas tão exuberantes sobre solos tão pobres? O segredo está na alta eficiência da reciclagem dos nutrientes minerais, estocados em grandes proporções na biomassa exuberante, que acabam voltando ao solo com a queda de folhas, flores, frutos, ramos e troncos, bem como restos e dejetos de animais. Ao se decompor, esse material orgânico libera nutrientes que serão reabsorvidos pelas raízes. Essa reabsorção é facilitada pela existência de micorrizas (do grego *mico* = fungo e *rizo* = raiz), fungos que se associam simbioticamente às raízes e que, com suas delicadíssimas hifas (filamentos microscópicos), vasculham a serapilheira e recapturam os nutrientes, cedendo-os às raízes. A derrubada e a queima da vegetação interrompem esse ciclo. Até que a vegetação retorne novamente a partir de sementes armazenadas no solo (banco de sementes), parte dos nutrientes que existia na vegetação que foi queimada retorna ao solo com as cinzas e a decomposição da matéria orgânica não carbonizada; como a vegetação está morta, não há como reciclá-los. Com as chuvas, esses nutrientes acabam por ser lavados do solo, lixiviados. Outra parte é perdida para a atmosfera com as nuvens de fumaça, que são constituídas por gases como CO_2, vapor de água, óxido de nitrogênio, de fósforo e de enxofre, não visíveis a olho nu. O que se vê são micropartículas de cinza, as quais contêm outros nutrientes, como Ca, K, Mg, Fe etc. Com os desmatamentos e queimas ocorridos nessas últimas décadas, toneladas e mais toneladas desses nutrientes foram assim perdidos para os rios, por meio da lavagem ou lixiviação dos solos, e para a atmosfera, por hectare de mata desmatado e queimado. A melhoria das condições nutricionais do solo com as cinzas produzidas após a derrubada e a queima (*coivara*) é, todavia, temporária. O uso produtivo dessas áreas, ao interromper esse ciclo natural, promove o declínio da fertilidade do solo, gerando uma dependência de insumos agrícolas.

Existe outro tipo de solo, de cor escura e riquíssimo em nutrientes minerais, como P, Ca e N, conhecido como *terra preta de índio* e distribuído pela Amazônia em manchas relativamente pequenas. Ao que tudo indica, são áreas em que tribos de índios moraram por longo tempo e onde acumularam restos de caça, peixes e de seus antepassados ali enterrados, o que acabou por enriquecer o solo local. Comprova essa interpretação o fato de essas manchas de terra preta serem hoje sítios arqueológicos, onde são encontradas ossadas humanas, peças de cerâmica, pontas de flechas etc.

A vegetação do bioma Floresta Amazônica Densa Sempre-Verde de Terra Firme, como o próprio nome diz, é densa, com centenas de árvores/ha (Fig. 3.4). Em apenas um hectare é possível encontrar até 300 espécies diferentes, pertencentes a importantes famílias botânicas, como Fabaceae (Leguminosae), Lecythidaceae e Sapotaceae. Por ser uma floresta densa, seu interior é sombrio, com grande biomassa, algo da ordem de 300-400 t/ha. Sua altura fica entre 30 m e 40 m, podendo ter indivíduos emergentes do dossel que chegam a 60 m (Prancha 1, p. 93). Muitas dessas árvores são castanheiras-do-pará (*Bertholetia excelsa*), cujas sementes são de grande interesse econômico para a região. Outra espécie de grande porte e também valiosa é a seringueira (*Hevea brasiliensis*), produtora de borracha. O pau-rosa (*Aniba rosaeodora*) e o mogno-brasileiro (*Swietenia macrophylla*), por serem de interesse na indústria de perfumes e de mobiliário, são outros exemplos dignos de nota. Outras espécies que podem ser citadas são o caucho (*Castilloa ulei*), o guaraná (*Paulinia cupana*), o jequitibá--branco (*Cariniana estrellensis*), a cerejeira (*Torresia acreana*), o jatobá-da-amazônia

(*Hymenaea courbaril*), a sorva (*Couma guianensis*), produtora de látex, usado na fabricação de chicletes, a sapucaia (*Lecythis paraensis*), o jenipapo (*Genipa americana*), *Zamia* e *Gnetum*, dois gêneros de gimnospermas (do grego *gymnos* = nu e *sperma* = semente, isto é, grupo de plantas cujas sementes são nuas, não existindo frutos a protegê-las), a jarina ou marfim-vegetal (*Phytelephas macrocarpa*), o pau-mulato (*Calicophyllum spruceanum*), a piaçava (*Leopoldinia piassaba*), a bacaba (*Oenocarpus bacaba*), o morototó (*Schefflera morototoni*), de ampla distribuição, a sumaúma (*Ceiba pentandra*), a ucuuba (*Virolla surinamensis*), o angelim (*Dinizia excelsa*), a maçaranduba (*Manilkara huberi*), o visgueiro (*Parkia pendula*), o acapu (*Voucapoua americana*), o cedro (*Cedrela odorata*), o angelim-pedra (*Hymenolobium excelsum*) e a paxiúba (*Socratea exorhiza*). O interior sombreado da floresta é o ambiente onde vivem o cacau (*Theobroma cacao*) e o cupuaçu (*Theobroma grandiflorum*). Nas margens dos rios cresce um palmiteiro, o conhecido açaí (*Euterpe oleracea*), cujos frutos são hoje muito procurados para a alimentação humana. Ali também é comum o buriti (*Mauritia flexuosa*). Além das espécies lenhosas arbóreas e arbustivas, essa floresta se caracteriza ainda pela grande quantidade de plantas epífitas (do grego *epi* = sobre e *phyton* = planta, isto é, plantas que crescem sobre outras plantas), como orquídeas e bromélias, e de lianas.

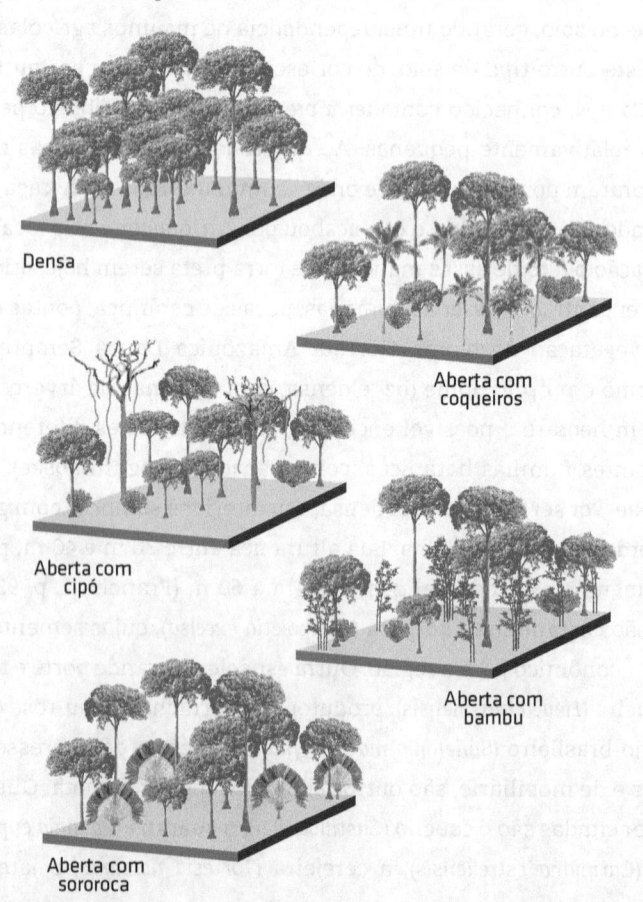

Fig. 3.4 *Blocos-diagramas das fitofisionomias das florestas tropicais amazônicas*

Tentando explicar a grande riqueza de espécies das florestas amazônicas, foi proposta uma hipótese conhecida como *teoria dos refúgios*, que se baseia nas flutuações paleoclimáticas ocorridas cerca de quatro vezes no Quaternário (a última foi há 23.000-12.700 anos). Durante os períodos de temperaturas mais amenas e de seca, conhecidos como períodos glaciais, as florestas tropicais pluviais teriam desaparecido de muitas regiões, regredindo e ficando restritas apenas a algumas áreas isoladas, conhecidas como *refúgios*. Nestes, por alguma razão, o clima teria se mantido ainda quente e úmido. As florestas teriam ficado "refugiadas" ali durante os períodos secos desfavoráveis. Os espaços livres deixados por elas teriam sido ocupados por outros tipos de vegetação mais tolerantes às condições de seca, como, talvez, os cerrados e as caatingas. Isso significa dizer que possivelmente cerrados e caatingas já dominaram, no passado, grandes áreas da Amazônia. Esse isolamento geográfico dos refúgios separou, assim, populações de indivíduos, cujas mutações sofridas ao longo do tempo ficaram restritas a eles e acabaram por formar novas espécies, distintas em cada refúgio. Com a volta do clima quente e úmido, interglacial, esses refúgios coalesceram, reuniram-se, formando novamente uma grande área contínua de florestas pluviais tropicais. Com isso, em seu todo, elas se enriqueceram com as novas espécies surgidas nas antigas áreas de refúgio. Válida tanto para a flora quanto para a fauna, essa teoria surgiu após trabalhos feitos na África. No Brasil, ela foi proposta pelo zoólogo alemão Dr. Jürgen Haffer, que estudou a distribuição das espécies de aves na Amazônia, tendo reconhecido essas áreas de refúgio pela sua maior ocorrência de espécies novas. Um ano após, estudos feitos com lagartos pelo zoólogo brasileiro Dr. Paulo Emílio Vanzolini demonstraram também a existência desses refúgios.

Embora existam várias espécies de grande porte, o diâmetro da maioria das árvores fica entre 20 cm e 30 cm. A densidade de toras avantajadas é relativamente pequena, o que faz com que a exploração madeireira nessas matas seja extensiva. Como a derrubada de uma dessas toras leva consigo um grande número de outras árvores menores, essa exploração é bastante prejudicial para a floresta. O interior da floresta não é muito denso, sendo relativamente fácil caminhar nela. Em suas bases, os troncos formam grandes sapopembas, ou raízes tabulares (parecem-se com tábuas que saem lateralmente dos troncos), que, com a ampliação de suas superfícies, possivelmente ajudam na captação de oxigênio para as raízes (Fig. 3.5). O estrato herbáceo, que se desenvolve à sombra, é bastante ralo, esparso. *Lianas* são comuns, formando um emaranhado de *cipós*. Sobre os troncos e galhos crescem epífitas, que, ao contrário do que muita gente pensa, não são parasitas, mas plantas que se aproveitam do suporte oferecido pelos galhos das árvores e conseguem, assim, obter mais luz para sua fotossíntese.

Da fauna, as espécies mais conhecidas da população são a onça-pintada (*Panthera onca*), o tapir ou anta (*Tapirus terrestris*), várias espécies de macaco,

Fig. 3.5 *Sapopemba, nome indígena para raízes tabulares*

como o macaco-aranha-preto (*Ateles paniscus*), o uacari-branco (*Cacajao calvus calvus*), o sagui-de-coleira (*Saguinus bicolor*), a lontra (*Lutra paranaensis*), a ariranha (*Pteronura brasiliensis*), a capivara (*Hydrochoerus hydrochaeris*), a preguiça-de-garganta-marrom (*Bradypus variegatus*), a cobra-papagaio (*Corallus caninus*) etc. Entre as aves, destacam-se as araras e a maior águia do mundo, a harpia (*Harpia harpyja*). Entre os répteis, a surucucu-pico-de-jaca (*Lachaesis muta*) é muito conhecida pelo seu forte veneno. No conjunto das florestas amazônicas, conhecem-se cerca de 300 espécies de mamíferos, mais de 1.000 de aves, 240 de répteis, 600 de anfíbios, 3.000 de formigas, 3.000 de abelhas e 1.800 de borboletas. E ainda há muito por descobrir.

3.2 Bioma Floresta Amazônica Aberta Sempre-Verde de Terra Firme (eubioma)

Até bem pouco tempo esse espaço geográfico brasileiro não era reconhecido como um bioma, ou era simplesmente considerado como uma área de transição entre o bioma Cerrado e o bioma Floresta Amazônica Densa. Foi o Projeto Radambrasil que reconheceu sua vegetação distinta, com fisionomia aberta, chamando-a de Floresta Amazônica Aberta de Terra Firme. Esse bioma tem uma área de distribuição bastante expressiva, como mostra o mapa da Fig. 2.3, ocorrendo nos Estados do Amazonas, Acre, Pará e Rondônia e no norte de Mato Grosso, correspondendo talvez a quase 50% do total das matas de terra firme, isto é, cerca de 1,4 milhão de quilômetros quadrados. Ele forma uma extensa faixa entre aproximadamente 5 e 12°S.

O clima é um pouco diferente daquele da Floresta Densa. Embora a temperatura média anual seja igualmente alta, a precipitação média anual é um pouco mais baixa, ficando em torno de 1.500 mm. Além disso, ocorre um período curto e pouco intenso de seca, com duração de um a três meses, entre junho e agosto, como se observa nos municípios de Sena Madureira (AC), Porto Velho (RO), Humaitá (AM), Altamira (PA) e Santarém (PA) (Fig. 3.6). Do oeste de Rondônia ao Acre, ondas de "friagens" ocorrem em alguns anos em virtude da penetração de massas frias provenientes do Sul. Sob esses aspectos, esse clima se aproxima um pouco do tropical (Fig. 1.2). Talvez essa seja a razão de as florestas serem abertas.

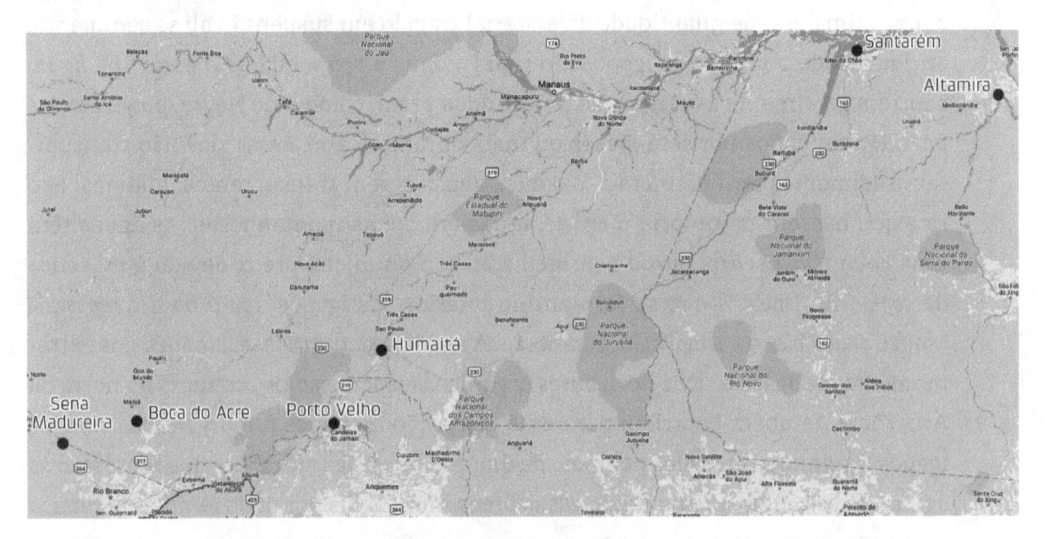

Fig. 3.6 *Localização dos municípios na Amazônia que apresentam período curto e pouco intenso de seca*

Os solos desse bioma são também profundos, mais argilosos e, talvez por isso, mais férteis, mais ricos em nutrientes do que os do bioma anterior.

Ao contrário da Floresta Densa, esse bioma tem uma vegetação aberta de espécies arbóreas comuns às da mata densa (Fig. 3.4), como *Bertholetia excelsa* e outras dos gêneros *Swietenia*, *Cedrela* e *Hura*, mas muito rica em bambus, como a taquara (*Guadua superba*), palmeiras, como o babaçu (*Attalea speciosa*) e o inajá (*Attalea maripa*), lianas, principalmente das famílias Fabaceae e Bignoniaceae, e sororoca (*Phalacospermum guyanensis*), uma Strelitziaceae que lembra muito uma bananeira pelas suas folhas amplas. Com isso, a penetração de luz em seu interior é maior. A fisionomia da vegetação é distinta da floresta amazônica densa, ficando as grandes árvores esparsas e muitas vezes completamente envolvidas pelas lianas. Pela riqueza em bambus e cipós, deve ser difícil de ser percorrida. Talvez essa seja a razão de se conhecê-la tão pouco. A fauna é semelhante àquela da Floresta Densa de Terra Firme (Prancha 2, p. 94).

3.3 Bioma Floresta Amazônica Densa Sempre-Verde Ripária de Várzea e Igapó (helobioma)

Esse bioma ocorre à beira dos rios, em áreas periodicamente inundáveis, principalmente no baixo rio Negro e no rio Amazonas (Fig. 3.7). As várzeas são comuns à beira de rios conhecidos como de água branca, em verdade barrenta, que têm essa aparência clara, mas opaca, por transportarem grandes quantidades de argila mineral em suspensão provenientes da erosão no sopé dos Andes, onde têm suas cabeceiras. Por ocasião das enchentes sazonais, quando o nível dos rios sobe 10-15 m, elas são inundadas e assim permanecem até a vazante que ocorre poucos meses depois. Uma grande quantidade de material trazido em suspensão ali se sedimenta, enriquecendo o solo. Já os igapós (do tupi i = água e *apó* = raiz, isto é, raiz na água) ocorrem geralmente à margem de rios de água preta, como o rio Negro, por exemplo, ficando inundados por sete meses ou mais durante o ano. Esses rios não transportam sedimentos argilominerais, daí suas águas serem transparentes, hialinas. São rios que nascem na própria planície, e não em zonas montanhosas. As águas têm uma coloração escura, pardo-avermelhada, como um chá preto, devido à presença de *compostos fenólicos* que se formam no interior dos igapós, fruto da *decomposição lenta e anaeróbica da serapilheira* submersa. A *erosão de terraços fluviais* com solos extremamente arenosos e ricos horizontes orgânicos (espodossolos), comuns no norte da Amazônia, também contribui para essa coloração. Situados à margem dos rios, os igapós limitam-se com eles por meio de diques, pequenas elevações que represam as águas em seu interior, mantendo essas áreas inundáveis por mais tempo. De espaço em espaço esses diques apresentam aberturas, furos, que permitem a entrada e a vazão das águas. É através desses furos que o ribeirinho amazonense penetra no interior dos igapós com sua canoa. Frequentemente ele constrói sua palafita sobre os diques, mais raramente inundáveis (Fig. 3.8).

Fig. 3.7 *Floresta Amazônica permanentemente inundada (versão colorida na p. 95)*

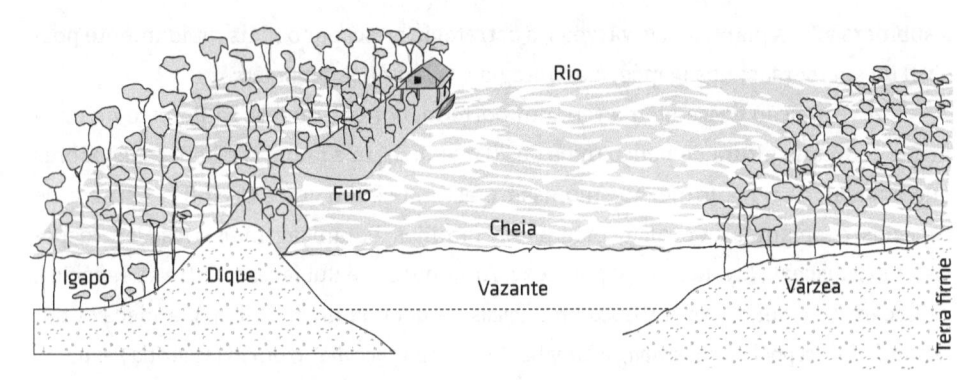

Fig. 3.8 *Desenho esquemático da zona de várzea e de igapó*

Estima-se que no período das enchentes essas áreas alagadas correspondam a aproximadamente 300.000 km², sendo 200 mil de várzeas e 100 mil de igapós. No período das vazantes o total cairia para menos de 100.000 km².

O clima é o mesmo das matas de terra firme, isto é, tropical pluvial (equatorial), quente e úmido.

Nas várzeas, os solos são aluviais, mais férteis em consequência dos sedimentos argilosos que recebem por ocasião das cheias. Nos igapós, os solos são geralmente hidromórficos, muito influenciados pelo encharcamento, mais pobres e mais ácidos. Parte dessa acidez é devida aos compostos fenólicos, substâncias que têm um caráter ácido.

A lâmina de água no interior dos igapós pode atingir vários metros de espessura, encobrindo as árvores menores e as mais jovens. Ao navegar de canoa pelo interior dos igapós pode-se passar por cima de árvores que possuem alguns metros de altura. Essa condição cria interessantes questões de natureza fisioecológica: será que as sementes das espécies de igapó germinam dentro da água, em condições anaeróbicas? Será que após a germinação as plântulas conseguem crescer e se desenvolver até atingirem o nível da água, que pode estar metros acima delas? Ou germinação, crescimento e desenvolvimento só ocorrem nas épocas em que o igapó eventualmente se esvazia? Em um experimento com sementes de *Parkia auriculata* foi verificado que dentro da água elas apodrecem, o que mostra que a germinação, em condições naturais, só deve ocorrer durante a vazante, quando o solo fica exposto. Plantas jovens, quando mergulhadas na água, param imediatamente de crescer, mantêm suas folhas por alguns meses e depois as perdem. Expondo-se ao ar novamente, elas reiniciam seu crescimento. A submersão, portanto, inibe o crescimento das plantas. Na literatura, estudos feitos sobre a anatomia dos caules de espécies de várzea e de igapó mostram que os anéis de crescimento são mais largos nas espécies de várzea do que nas de igapó, refletindo a duração do período de vazante em cada caso. Na várzea, as plantas jovens crescem rapidamente, enquanto as adultas crescem lentamente. Nos igapós, esse crescimento é sempre lento. Isso parece refletir duas estratégias quanto à submersão das plantas: nas várzeas, a estratégia é escapar o mais rapidamente possível da submersão; nos igapós, a estratégia é tolerar a submersão.

A vegetação desse bioma tem um porte menor que aquele da floresta de terra firme, com uma altura de pouco mais de 20 m. Sua flora e fauna são bem mais pobres que aquelas de terra firme. Mesmo assim, estima-se em cerca de mil o número de espécies de plantas que ali ocorrem. As famílias botânicas mais ricas em espécies são Fabaceae, Myrtaceae, Sapotaceae, Annonaceae e Rubiaceae. Entre as espécies, destacam-se a seringueira (*Hevea brasiliensis*), a ucuuba (*Irianthera* sp.), a piaçava-da--amazônia (*Leopoldinia piassaba*), a bacaba (*Oenocarpus bacaba*), o buriti (*Mauritia flexuosa*), o buriti-mirim (*Mauritiella aculeata*), *Virolla* spp., a sumaúma (*Ceiba pentandra*), o açacu (*Hura creptans*), *Ocotea barcelensis*, *Manilkara amazonica* e *Eschweilera tenuifolia*. Duas espécies de palmeiras que nos dias atuais têm um crescente interesse econômico são o açaí (*Euterpe oleracea*) e a pupunha (*Bactris gasipae*), comuns às margens dos rios que banham as várzeas. Entre a fauna aquática, os peixes são de grande importância por atuarem como dispersores de sementes. São merecedores de nota os cauxis, esponjas de água doce que se fixam nos troncos submersos das árvores e cujas espículas provocam sérias irritações na pele, nos olhos e nas mucosas de quem as toca.

3.4 Bioma Savana Amazônica ou Campinarana (psamo-helo-peinobioma)

Muitos autores descrevem esse bioma como áreas não florestais, distribuídas em depressões mais ou menos circulares, com solos arenosos geralmente saturados de água, de dimensões diversas, encravadas em meio a uma matriz de florestas de terra firme da Amazônia, ocorrendo particularmente no Estado do Amazonas. Na bacia do rio Negro, as campinaranas ocupam cerca de 30.000 km². Incluindo-se áreas de outros Estados, a área total chegaria a 60.000 km². Há autores que chegam a falar em valores superiores a 400.000 km². De forma bem característica, esse bioma ocorre sobre manchas de *areia quartzosa* muito brancas, o que chama a atenção do observador. Talvez por essa razão tenha sido denominado Caatinga Amazônica (do tupi *caa* = mato e *tinga* = branco, claro, isto é, mato claro), embora nada tenha a ver ecologicamente com as caatingas do Nordeste. Apenas o aspecto esbranquiçado, dado pela areia, e talvez a fitofisionomia aberta, savânica, podem ter levado a essa denominação. Tais sedimentos quartzosos parecem estar ligados à erosão e ao consequente recuo dos *tepuis*, montanhas areníticas, quatzosas, existentes nos limites do Brasil com a Venezuela e a Guiana, cujas escarpas íngremes, tendo por base a floresta amazônica de terra firme, são bastante conhecidas pela sua beleza (Fig. 3.9).

O termo *campina* significa o mesmo que campo; campinarana vem do tupi (*rana* = semelhante, mas falso), indicando algo semelhante a uma campina, porém de vegetação mais variada e por vezes mais densa. Uma falsa campina. Em verdade, seu conjunto forma um gradiente em mosaico de vegetações ora mais abertas, campestres (campina), ora mais densas, arborizadas, florestadas (campinarana). A maioria dos autores tem a tendência de considerar campinas e campinaranas em separado, como vegetações não apenas distintas, mas estanques, isoladas, individuais, embora elas tenham muitas características em comum, como o clima equatorial, quente (temperatura média de 25 °C) e úmido, de alta pluviosidade (maior que 3.000 mm anuais), e o solo extremamente arenoso, hidromórfico, com um lençol freático próximo à superfície, chegando a aflorar nas campinas e pouco mais profundo nas campinaranas. Outra convergência entre essas duas fitofisionomias é o elevado grau de oligotrofismo de seus solos, extremamente lixiviados, provavelmente responsável pelo "raquitismo" da vegetação, pela esqualidez de suas árvores e pelos espaços arenosos em aberto. As plantas apresentam ainda acentuado escleromorfismo (do grego *esclero* = duro e *morfo* = forma), de natureza provavelmente oligotrófica. Trata-se, portanto, de um clímax edáfico. Em períodos de muito baixa precipitação, é possível a ocorrência de fogo nas campinas e nas campinas arbustivas, importante na sua dinâmica. Em períodos de baixa precipitação, o solo arenoso, de muito baixa capacidade de retenção de água, pode até causar deficiência hídrica nas campinaranas, onde, por sinal, o lençol é mais profundo.

Fig. 3.9 *Monte Roraima, localizado na fronteira entre Brasil, Venezuela e Guiana, constituído por* tepui *(montanha de topo achatado) (versão colorida na p. 95)*

Mas as campinas e campinaranas não apresentam apenas essas duas fitofisionomias, como se procura destacar; há áreas intermediárias cobertas por vegetação de fisionomia savânica, por escrubes densos ou abertos, embora a fisionomia que possa predominar em certos locais seja a de uma floresta baixa, de 6 m a 20 m de altura, relativamente densa, de um *woodland*. Ali, como já comentado, o solo é pouco mais profundo e menos encharcado, apresentando uma espessa camada de serapilheira ou húmus, que pode chegar a quase 1 m de espessura, onde se desenvolve um intrincado emaranhado de finas raízes, muito provavelmente associadas a micorrizas. Estima-se que essa trama de raízes possa chegar a 60% da fitomassa total. É uma adaptação à pobreza nutricional dos solos, que tenta reter e absorver todos os nutrientes disponíveis. Nas campinas, onde os solos são mais pobres, falta essa camada de serapilheira e húmus enegrecido, acentuando o oligotrofismo geral. Ali se encontram espécies indicadoras de solos extremamente pobres em nitrogênio, como as espécies carnívoras, que procuram obter esse elemento essencial dos insetos que aprisionam, digerem e absorvem. Como nas demais savanas do mundo, essas fisionomias em gradiente formam um verdadeiro mosaico, relacionado com o mosaico das condições ambientais. Há, portanto, muitas afinidades ecológicas entre elas (Fig. 3.10).

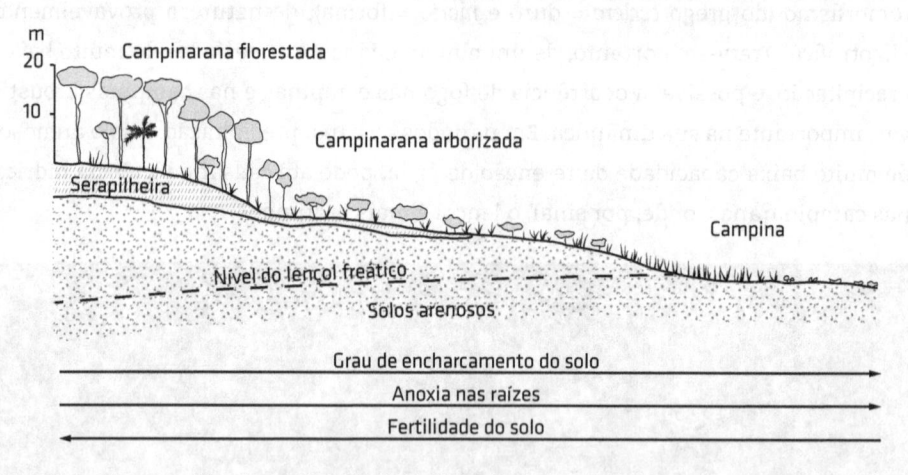

Fig. 3.10 *Perfil esquemático do gradiente fitofisionômico da Campinarana*

Segundo o IBGE, as campinaranas podem ser florestadas, arborizadas e gramíneo-lenhosas. Portanto, esse órgão considera as chamadas campinaranas como uma unidade, com o que se concorda aqui. Em realidade, elas constituem uma *savana equatorial úmida*, *higrófila* (do grego *hygrós* = úmido e *phílos* = amigo), onde existe um gradiente de baixa fertilidade e de encharcamento do solo. A esse gradiente corresponde um gradiente de vegetação, que vai da campina à campinarana florestada, passando por fisionomias de savana, escrube e campinaranas arborizadas. Com esses gradientes físicos, em paralelo com os gradientes vegetacionais, elas lembram as savanas tropicais estacionais dos cerrados e as caatingas nordestinas semiáridas. Ecologicamente são, todavia, totalmente distintas.

A flora da campinarana é mais pobre, mas conta com numerosas espécies endêmicas. Nela aparecem o umiri (*Humiria balsamifera, H. wurdackii*), o macacu (*Aldinia heterophylla*), a seringueira-da-caatinga (*Hevea rigidifolia*), o pau-amarelo (*Lissocarpa benthamii*), as palmeiras *Bactris cuspidata* e *Bactris campestris*, a endêmica piaçabarana (*Barcella odorata*), *Mauritia carana*, muitas epífitas, como bromélias e orquídeas, samambaias, aráceas e gramíneas. Ocorrem também a japurana (*Peltogine catingae*), o iauácano (*Eperua leucantha*), o curumi (*Micrantha spruceana*) e a bacurirana (*Moronobea cocinea*). Essa pobreza contrasta com a enorme riqueza da floresta amazônica densa de terra firme circundante. Nas formas mais abertas ocorrem o jauari (*Astronium jauari*), a piaçaba (*Leopoldinia pulchra*) o açaí-chumbinho (*Euterpe catingae*), *Mauritia carana*, *Mauritiella aculeata*, *Leptocaryum tenue* e a cumaruarana (*Taralea opositifolia*). Nas campinas predominam espécies herbáceas das famílias Cyperaceae (*Becquerelia cymosa*), Xyridaceae, Eriocaulaceae (*Syngonanthus humboldii*), Rapateaceae, Schizaeaceae (*Schizaea elegans*), Hymenophyllaceae, como *Trichomanes* sp., e liquens, como *Cladonia confusa*, ocorrendo até *Drosera* sp., uma espécie insetívora.

Quanto à fauna, há poucas informações, exceto que ela é bastante rica em aves, como o guaracava-de-topete-vermelho (*Elaenia ruficeps*), o pretinho (*Xenopipo atronitens*) e a gralha (*Cyanocorax helprini*). É de se esperar que, em geral, ela seja semelhante àquela das florestas amazônicas de terra firme, embora mais pobre. Digno de nota é o fato de as campinas, com seus solos arenosos alagados, serem muito ricas em insetos flebotomíneos, dípteros, como *Lutzomyia (Nyssomyia) flaviscutellata* e *L. olmeca nociva*, transmissores de leishmaniose, grave doença transmissível ao homem.

3.5 Bioma Floresta Atlântica Densa Sempre-Verde de Encosta (orobioma)

Com a formação da cordilheira marítima, um conjunto de elevações que acompanha o litoral brasileiro, indo desde próximo a Porto Alegre, no Estado do Rio Grande do Sul, até o Estado do Rio Grande do Norte, surgiu um orobioma. Essa cordilheira é mais estreita no Nordeste e no Sul, alargando-se na região Sudeste, onde pode chegar a 100-200 km. No norte do Estado do Rio de Janeiro e no sul do Estado do Espírito Santo, região de Campos, Cachoeiro de Itapemirim, ela sofre uma interrupção. Por ser uma região em relevo acidentado, de feições mamelonares, recebeu o nome de *mares de morros*. *Grosso modo*, pode-se estimar que esse bioma, em conjunto com os dois biomas que serão tratados a seguir (bioma Floresta Atlântica Densa Sempre-Verde de Terras Baixas e de Restinga), apresente uma área total de aproximadamente 250 mil quilômetros quadrados. Esses três biomas e os manguezais formam o que se costuma chamar de *florestas costeiras*.

O clima, como em quase toda a costa brasileira, é tropical pluvial (equatorial), quente e úmido, com um suave gradiente para o clima quente-temperado sempre úmido das altitudes maiores, onde passam a ocorrer as florestas quente-temperadas de araucária (ZC V). Essas encostas apresentam uma acentuada pluviosidade, causada particularmente pelo fato de funcionarem como verdadeiras barreiras ao vento proveniente do mar. Ao encontrar essas vertentes e escarpas, as massas de ar, já úmidas em virtude da evaporação marinha, são obrigadas a sobrepor esses acidentes geográficos, que podem atingir mais de 2.000 m de altitude. Com essa ascensão "forçada", tais massas podem se resfriar até 1 °C para cada 100 m de altitude. Para se citar um exemplo, Santos, no litoral paulista, tem uma altitude de apenas 3 m acima do nível do mar e uma temperatura média anual de 22 °C; já a vila de Paranapiacaba, no alto da Serra do Mar, está a uma altitude de 800 m e tem uma temperatura média anual de 18 °C. A diferença de altitude entre essas duas localidades é de cerca de 800 m e a diferença de temperatura é de 4 °C, o que dá um valor médio de 0,5 °C para cada 100 m. Essa queda da temperatura com a altitude faz com que a umidade do ar frequentemente se condense, formando muita neblina e muita chuva. Com a condensação da umidade há a liberação de calor, o que impede que a queda de temperatura seja maior. Enquanto em Santos chove em média 2.067 mm anuais, em Paranapiacaba chove em média 3.600 mm anuais. Em Itapanhaú, no alto da serra, próximo à cidade litorânea de Bertioga (SP), chove mais do que 4.000 mm anuais, talvez uma das localidades brasileiras com maior pluviosidade. Ali chove mais do que na maior parte da Amazônia.

Os solos são geralmente pouco profundos, formando mantos ou regolitos (do grego *rhêgos* = cobertor e *lito* = rocha) assentados sobre *rochas ígneas ou metamórficas* em vertentes geralmente bem inclinadas. Dada a alta pluviosidade, são solos bastante lixiviados, pobres em nutrientes minerais, os quais ficam mais concentrados na camada orgânica da serapilheira, cuja produção é da ordem de 8-9 t/ha/ano. Como consequência da declividade e da grande quantidade de chuvas, tais solos podem se saturar, encharcar-se de água, ficando pouco estáveis. Com certa frequência podem ocorrer lentos deslizamentos (solifluxão) de pequenas áreas, que se identificam pela inclinação dos troncos das árvores. Outras vezes ocorrem desmoronamentos desastrosos, até mesmo de grandes áreas, que dizimam a vegetação e expõem camadas inferiores do solo ou até mesmo a própria rocha. São as quedas de barreiras e outros acidentes graves que todos conhecem. Essa é uma característica importante desse bioma, pois há muito tempo a vegetação vem sendo periódica e naturalmente destruída e renovada, a partir de novas sucessões de comunidades. Frequentemente elas se iniciam com o ressurgimento de maciços de samambaias verde-amareladas do gênero *Gleichenia*, seguidas por tucuns (*Bactris setosa*), manacás-da-serra (*Tibouchina* spp.), imbaúbas (*Cecropia* spp.) e outras espécies mais, que acabam por revestir novamente o terreno. Uma das características dessas espécies de comunidades pioneiras é a produção de unidades de dispersão (esporos, sementes) em grande quantidade e de tamanhos muito pequenos. Ao longo da sucessão de comunidades, até a vegetação voltar ao que era anteriormente, podem se passar dezenas e dezenas de anos. A não ser em fundos de vales e nas regiões de menor altitude e de menor declividade, é difícil encontrar árvores centenárias nessas matas, com portes e diâmetros avantajados.

Os gradientes térmico e pluviométrico determinados pela altitude das serras e montanhas permitem reconhecer três faixas vegetacionais: submontana, montana e altimontana. A altitude-limite entre cada uma dessas faixas varia conforme a latitude, sendo tanto maior quanto menor a latitude. Apenas para exemplificar, nos polos a vegetação de tundra já pode ocorrer próximo ao nível do mar; já no equador a vegetação natural só pode ocorrer a milhares de metros de altitude. Assim, o bioma Floresta Atlântica Densa Sempre-Verde de Encosta no Brasil, dadas as latitudes em que ocorre, é quase todo submontano e montano. Nesta última faixa é frequente a ocorrência de nevoeiros, neblina, razão pela qual há quem chame essas matas de *mata de neblina*. Somente em altitudes superiores a 1.000-1.500 m, chegando até próximo aos picos das montanhas, como os picos de Itatiaia (RJ) (1.622 m), Agulhas Negras (RJ) (2.787 m) e Bandeira (ES) (2.890 m), é que se encontram florestas altimontanas de *Araucaria angustifolia* (pinheiro-do-paraná), típicas de outro tipo de bioma, o bioma Floresta Quente-Temperada Úmida Densa Sempre-Verde de Araucária. Nessas altitudes há invernos em que a temperatura pode cair abaixo de 0 °C, chegando a gear ou até mesmo nevar. As matas densas de encosta, originalmente conhecidas por Mata Atlântica, apresentam um gradiente de porte e biomassa, sendo eles maiores nas altitudes menores. Ali as matas podem atingir 20-30 m de altura e sua biomassa pode chegar a 200 t/ha (Fig. 3.11).

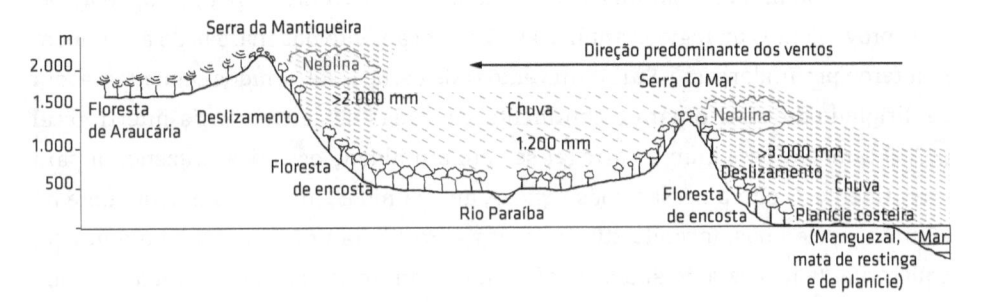

Fig. 3.11 *Perfil da Mantiqueira e da Serra do Mar com florestas de encosta e floresta de araucária*
Fonte: modificado de Hueck (1972).

A diversidade de espécies é talvez uma das maiores do mundo, com vários milhares delas, o que é devido não só à diversidade de espécies lenhosas arbóreas, mas também à enorme diversidade de espécies herbáceas epífitas, como samambaias (*Polypodium* spp.), orquídeas, bromélias, begônias, gesneriáceas, aráceas diversas, como o imbé (*Philodrendron* spp.), e muitas mais, que recobrem os troncos e galhos das árvores. A densidade de plantas e espécies no espaço é tamanha que alguém já se referiu a ela como *horror vacui*, expressão latina que significa "horror ao vazio". Entre as espécies terrestres, cumpre destacar os fetos arborescentes (Cyathea spp., Alsophila spp.), pequenas palmeirinhas (Geonoma gamiova, Geonoma schottiana), o palmito (Euterpe edulis), muito explorado por populações locais, inclusive grupos indígenas remanescentes, árvores de portes diversos, como Affonsea edwalii, Bathysa stipulata, Bombax wittrockianum, Clusia spp., Coccoloba martii, o morototó (Schefflera morototoni), Inga sessilis, Ilex spp., Ocotea spp., Psychotria spp., Weinmannia hirta, Swartzia langsdorffii, o pinheirinho (Podocarpus sellowii), usado hoje em dia para fazer cercas-vivas, melastomatáceas várias, como as dos gêneros Miconia e Tibouchina, ipês-amarelos (Tabebuia spp.), a ficheira (Schyzolobium parahyba) e inúmeras outras mais (Prancha 3, p. 96). Da fauna, destaca-se o bugio ou guariba (Alouatta guariba), com sua vocalização característica, entre tantas outras espécies comuns às matas tropicais densas e úmidas.

3.6 Bioma Floresta Atlântica Densa Sempre-Verde de Terras Baixas ou de Planície (eubioma)

Quando a Placa Africana e a Placa Sulamericana começaram a se separar, no período Jurássico, há 190-150 milhões de anos, em decorrência de fortes eventos tectônicos e do crescimento do assoalho marinho, surgiu o Oceano Atlântico. Com a deriva continental em curso, as bordas dos dois novos continentes começaram a evoluir para o que se chama hoje de zonas costeiras atlânticas. Após a separação, a costa leste brasileira passou a ser banhada por correntes marinhas quentes provenientes do equador (Corrente do Brasil), enquanto as costas da África do Sul e da Namíbia passaram a ser banhadas pela Corrente de Benguela, de águas frias provenientes de regiões antárticas. O deslocamento das massas de ar também se alterou profundamente. Surgiram ventos alísios, de leste, úmidos e quentes, agora se dirigindo do oceano para o continente. As zonas de convergência intertropical (ZCIT) também passaram a carregar-se com a umidade oceânica, trazendo-a para o continente. O clima nessas duas regiões, antes unidas, mudou completamente há 20 milhões de anos, fazendo surgir na costa brasileira um clima quente e úmido, equatorial. Já na costa do sudoeste africano surgiram climas de tipo mediterrâneo (região do Cabo, ou capense, no extremo sul daquele continente) e de deserto (região da Namíbia). Do Rio de Janeiro ao Rio Grande do Norte, passou a se formar, a partir de então, uma extensa faixa de planícies, baixos planaltos e tabuleiros, mais larga no Nordeste, acompanhando a linha do mar. Além disso, a região costeira sofreu outras alterações geomorfológicas, o que fez surgirem núcleos de *escudos cristalinos* pouco expostos, *planaltos* e um maciço de *serras* paralelamente à linha da costa, desde o nordeste do Rio Grande do Sul até o Rio Grande do Norte (Serra Geral, Serra do Mar, Serra da Mantiqueira, Planalto Atlântico e Planalto da Borborema) (Fig. 3.12).

Nas terras baixas ou de planícies costeiras, com a temperatura elevada e a alta pluviosidade, desenvolveram-se florestas tropicais pluviais densas, semelhantes àquelas de terra firme da Amazônia. No seu trecho mais ao norte do Estado do Espírito Santo, é relativamente grande a influência florística e faunística exercida pela floresta amazônica densa de terra firme, com a qual faziam contato àquela época nos períodos interglaciais, mais quentes e mais úmidos.

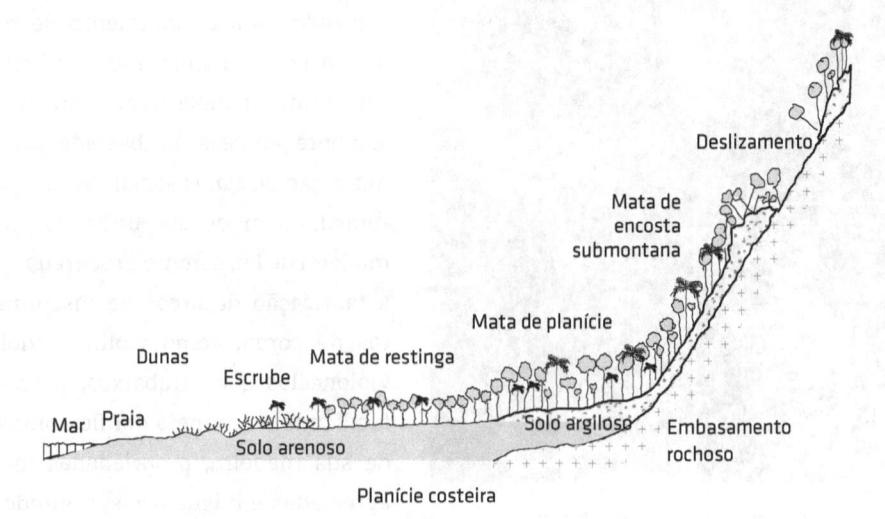

Fig. 3.12 *Perfil esquemático da planície costeira e da serra submontana*

O clima nessa região costeira é equatorial, quente e úmido, com médias mensais sempre acima de 18 °C e precipitações pluviométricas por volta de 2.000 mm anuais. Embora as latitudes já sejam maiores, as correntes marinhas quentes provenientes do equador influem sobremaneira no clima dessa região costeira. No inverno, a região situada mais ao sul (Rio Grande do Sul, Santa Catarina, Paraná, São Paulo e Rio de Janeiro) é atingida por frentes frias que normalmente logo se desviam para o oceano, gerando dias mais frios. Todavia, geadas nunca ocorrem.

Como em todas as regiões de clima quente e úmido, os latossolos ali existentes são pobres em nutrientes minerais. Eles tendem a ser lixiviados, ácidos, ficando o estoque de nutrientes na própria vegetação e na serapilheira acumulada em sua superfície. Como em outros homobiomas (biomas semelhantes), a derrubada e a queima da vegetação acabam por empobrecer ainda mais o solo.

A vegetação desse bioma é de floresta pluvial tropical densa, com um porte de 25 m a 30 m. Sua biomassa pode ser superior a 200 t/ha. Há quem estime a flora, que é muito rica, em cerca de 20.000 espécies. Entre elas é possível citar o palmito ou juçara (*Euterpe edulis*), diferente do açaí (*Euterpe oleracea*) por não formar touceiras. Essa característica lhe é desfavorável, pois cada palmito retirado para venda e consumo representa um palmiteiro derrubado e morto. O pau-brasil (*Caesalpinia echinata*), que deu nome ao Brasil, é uma espécie lenhosa dessas matas que se converteu no primeiro produto brasileiro economicamente explorado após o descobrimento do

Fig. 3.13 *Pau-brasil (Caesalpinia echinata)*

País pelos portugueses (Fig. 3.13). Estes lutaram contra franceses e holandeses por essa riqueza natural. Por ter o cerne do tronco de cor vermelha, era utilizado para o tingimento de tecidos. A cor vermelha, muito difícil de ser obtida naquele tempo, era usada somente por pessoas abastadas, sendo indicação de *status* social. Hoje, o pau-brasil, além de ser utilizado como madeira de lei, é muito procurado para a fabricação de arcos de instrumentos de corda, como violinos, violas, violoncelos e contrabaixos, graças à facilidade de manejo e à flexibilidade de sua madeira, propriedades muito apreciadas e inigualáveis, segundo os fabricantes de arcos (*luthiers*). Como o pau-brasil está ameaçado de extinção, eles vêm estimulando o seu cultivo nessas matas costeiras do Brasil. Mencionam-se ainda os jequitibás rosa e branco (*Cariniana* spp.), de madeiras muito usadas em carpintaria, o jacarandá-da-bahia (*Dalbergia nigra*), o guanandi (*Callophyllum brasiliense*), várias canelas (*Ocotea* spp., *Nectandra* spp.), *Pouteria beaurepaire*, o ipê (*Tabebuia umbelata*), o tapiá-guaçu (*Alchornea triplinervia*), a guaricana (*Geonoma* spp.), cujas folhas são muito usadas como base ou fundo de arranjos florais, a piaçava-da-bahia (*Attalea funifera*), o jacarandá-roxo (*Machaerium firmum*) e o jatobá (*Hymenaea stilbocarpa*). *Parkia pendula*, o visgueiro, é uma espécie arbórea amazônica, mas que ocorre também nesse bioma (Prancha 4, p. 97). O cacau (*Theobroma cacao*), originário da Amazônia, encontrou no sul da Bahia um homobioma, razão por que é ali cultivado, tornando-se uma importante fonte de renda para a região. Essas matas são tão semelhantes às de terra firme da Amazônia que chegam a ser chamadas de Hileia baiana.

É oportuno lembrar que as epífitas, por não terem contato com as reservas hídricas do solo, ficam sujeitas a estresses hídricos severos quando deixa de chover por alguns dias ou semanas. Isso explica por que elas apresentam fortes adaptações xerofíticas (do grego *xeros* = seco e *phyton* = planta), isto é, adaptações à seca, como cutículas altamente impermeáveis à água, suculência, reservas hídricas em "jarras" (bromélias) e metabolismo CAM (*Crassulacean acid metabolism*), comum entre espécies suculentas da família das crassuláceas, típicas de regiões áridas e semiáridas da África.

Da fauna, além das espécies típicas de mata, como onça-pintada, anta e catetos, merece destaque o muriqui, buriqui ou mono-carvoeiro (*Brachiteles hypoxanthus*), o maior macaco das Américas, que chega a pesar 15 kg. Além dele são bastante conhecidos o mico-leão-de-cara-dourada (Prancha 4, p. 97) e o mico-leão-de-cara-preta (*Leontopithecus* spp.). Outros habitantes comuns nessas matas são a preguiça (*Bradypus tridactylus*) e o tamanduá-mirim (*Myrmecophaga tetradactyla*), ambos em parte arborícolas. É interessante o caso de uma espécie de saúva (*Atta cephalotes*) que ocorre tanto na Amazônia quanto nessas matas da região Nordeste. Essa é mais uma evidência da ligação pretérita entre os dois biomas.

Fica difícil estimar um número mais preciso de espécies vegetais e animais desse bioma, uma vez que Mata Atlântica, no conceito do IBGE, compreende os mais diversos biomas, inclusive aqueles pertencentes a outras zonas climáticas, como as Florestas Tropicais Estacionais e a Floresta de Araucária, por exemplo.

3.7 Bioma Floresta Atlântica Densa Sempre-Verde de Restinga (psamo-helobioma)

As fases mais recentes de evolução da costa brasileira foram palco de *eventos transgressivos-regressivos* do nível do mar, associados a variações climáticas globais (*períodos pós-glaciais*), durante o *Quaternário*. Como resultado, surgiram planícies costeiras em que predominam sedimentos arenosos de origem marinha e eólica. Depósitos fluviais, estuarinos e lagunares também se formaram. Com a evolução dessas planícies, os depósitos marinhos foram se transformando em *terraços*, com altitudes em geral inferiores a 10 m acima do nível do mar, e em *dunas eólicas*, que podem atingir alturas variáveis, como as de Ilha Comprida, no litoral sul de São Paulo, com 3-4 m de altura, e as do litoral cearense, com mais de 30 m. Embora os terrenos ali sejam arenosos e, portanto, de fácil drenagem, a pequena declividade dos terraços e a proximidade do lençol freático em relação à superfície fazem com que eles fiquem alagados por tempos variáveis, em função das chuvas torrenciais que ali ocorrem. Exceção feita ao litoral norte, de São Luís do Maranhão ao Amapá, as restingas distribuem-se por quase todo o litoral. Estima-se que esse bioma, que ocorre como uma faixa descontínua ao longo do litoral brasileiro, tenha uma extensão de 5.000 km, com uma largura variável de dezenas a milhares de metros. Uma das mais conhecidas é a restinga de Marambaia, no Estado do Rio de Janeiro.

Esses terrenos mais recentes, extremamente arenosos, foram ocupados paulatinamente pela vegetação. Na faixa de praia, também chamada de estirâncio, as espécies pioneiras não conseguem se instalar em virtude do movimento de vaivém das ondas e da maré. A partir da linha da maré mais alta, inicia-se o processo de ocupação, com a formação de comunidades de espécies altamente tolerantes à salinidade do solo e da maresia, que joga sobre as plantas um aerossol de microgotículas de água salina do mar. Com frequência, essas plantas são recobertas temporariamente pela areia que se desloca com o vento. Seu *hábito rizomatoso*, todavia, faz com que elas "perfurem" as dunas e reapareçam. Durante as ressacas, essas plantas são facilmente arrancadas e levadas pelas águas. Caminhando-se rumo ao interior da restinga, a intensidade de precipitação desse aerossol salino torna-se cada vez menor, possibilitando que espécies menos tolerantes se instalem. Com a lavagem pela água das chuvas, o solo perde sua salinidade. Pode-se apreciar, então, no espaço, aquilo que ocorreu no tempo, isto é, uma sucessão de comunidades vegetais e animais, um psamo-sere (do grego *psámmos* = areia e *sere* = série). Na faixa arenosa imediata à praia, encontram-se apenas espécies herbáceas, como *Philoxerus portulacoides*, *Hydrocotyle umbelata*, as gramíneas *Sporobolus virginicus* e *Spartina ciliata*, *Plantago catharinea*, *Diodia radula*, *Ipomoea pes-caprae*, *Ipomoea littoralis*, o pinheirinho-da-praia (*Remirea mairitima*), *Oxypetalum tomentosum*, *Acycarpha spatulata* e *Polygala cyparissias*, uma espécie com forte cheiro de *salicilato de metila* em suas raízes. Essa vegetação composta de poucas espécies é bem rala, dispersa sobre a areia, sendo conhecida pelo nome de *jundu* (do tupi *nhû-tu* = campo sujo). Ela tem um papel importante por funcionar como um primeiro obstáculo ao vento e iniciar a formação das primeiras dunas, ou dunas anteriores. O animal mais frequentemente encontrado ali, correndo entre as plantas, é a maria-farinha ou espia-maré (*Ocypode albicans*), um caranguejinho branco-amarelado que cava buracos na areia para se esconder. Sobre as dunas que se formam, começam a aparecer outras espécies, de porte maior, como as orquídeas terrestres *Epidendrun moseni* e *Cyrtopodium paranaense*, *Quesnelia arvensis*, uma bromeliácea terrestre, *Lantana nivea*, *Scaevola plumieri* e algumas espécies lenhosas, como *Canavalia obtusifolia*, *Chrysobalanus icaco* (maçãzinha-da-praia), a orelha-de-onça (*Tibouchina holosericea*) e *Dalbergia ecastophyllum*, uma espécie que forma grandes maciços de um verde-escuro. Esse é o *habitat* também da famosa viúva-negra (*Latrodectus curacariensis*), uma pequena aranha de cor negra extremamente venenosa. Seu nome popular provém do fato de ela matar e comer o macho logo após a cópula.

Restinga adentro, a vegetação vai se adensando e começam a aparecer outras lenhosas maiores, como o cacto *Cereus fernambucensis*, *Clusia* sp., uma espécie arbustiva hoje usada como planta ornamental de jardim, o feijãozinho-da-praia (*Sophora tomentosa*) e várias outras. São as dunas posteriores. A vegetação ali apresenta fisionomia de escrube. Por vezes encontram-se arvoretas ou arbustos com a copa deformada, assimétrica, disposta como uma bandeira. Isso é o reflexo da direção predominante do vento, que, com sua maresia, mata os brotos dos ramos que crescem contra ele. Somente aqueles que crescem a favor do vento conseguem se desenvolver, protegendo-se mutuamente. Além dessa distância do mar já surgem algumas palmeiras, como o jerivá (*Syagrus romanzoffianum*), e a vegetação já adquire a fisionomia de uma floresta baixa. Mais para o interior, ocupando depósitos cada vez mais antigos e onde os solos já se encontram mais evoluídos, a floresta ganha porte de floresta alta. Essa sucessão de comunidades, que ali é vista no espaço, ocorreu no tempo, à medida que o mar foi se afastando em virtude do acúmulo dos sedimentos, indo atingir seu clímax com a Floresta de Restinga. No passado, o terreno onde essa floresta ocorre hoje já foi mar, praia, duna anterior, duna posterior, escrube e floresta baixa, nessa sequência (Fig. 3.12).

O bioma da mata de restinga tem o mesmo clima equatorial, quente e úmido, o ano todo, idêntico aos climas dos biomas vizinhos, como os manguezais e as matas de planície. No Rio Grande do Sul, o clima na região de restinga já é mais frio e a vegetação geralmente não chega a ter porte florestal.

Por ser uma área sedimentar marinha, a altitude é baixa, apenas alguns metros acima do nível do mar. O relevo é bastante plano e os solos são obviamente bem arenosos, ácidos, pobres em nutrientes minerais, exceto na camada superior de serapilheira, cuja produção é da ordem de 5-7 t/ha/ano. Em regiões de muito vento marinho, nutrientes podem ser trazidos com ele em suspensão e se depositarem sobre a floresta. Em virtude do relevo plano e da baixa altitude, a drenagem da água das chuvas, torrenciais por vezes, é bastante lenta, o que pode provocar inundações da floresta. Mesmo não havendo inundações, o lençol freático nessas regiões fica bem próximo à superfície, em contato com as raízes das árvores. À semelhança das várzeas e igapós da Amazônia, essa condição do solo cria condições de anoxia para as raízes. A água que drena dessas matas também tem coloração pardo-avermelhada, embora isenta de sedimentos em suspensão.

Esse bioma caracteriza-se, entre outros aspectos, por florestas densas, com um porte de 20 m ou mais, ricas em samambaiaçus (*Cyathea* spp., *Alsophila* spp.), tucum (*Bactris setosa*), uma palmeirinha de folhas muito espinhosas, palmito (*Euterpe edulis*), caixeta (*Tabebuia cassinoides*), figueira-mata-pau (*Coussapoa microcarpa*), *Ficus organensis*, ingá (*Inga luschnathiana*), pau-gambá (*Pithecellobium langsdorffii*), canela-de--praia (*Ocotea pulchella*), araçazeiro (*Psidium cattleyanum*) e cupiúva (*Tapirira guianensis*), entre outros (Prancha 5, p. 98).

Em virtude de o ambiente ser bastante úmido, inundado por vezes, a fauna é rica em anfíbios (sapos, rãs, pererecas), como o sapo-da-restinga (*Rhinella pymaea*), a perereca-das-bromélias (*Xenophyla truncata*) e seus predadores, como a cobra-coral--verdadeira (*Micrurus coralinus*). Entre as aves, é possível citar o espetacular tiê-sangue (*Rhamphocelus bresilius*), ave símbolo das florestas atlânticas (Prancha 5, p. 98), de um vermelho rutilante, saíras-de-sete-cores (*Tangara seledon*), beija-flores ou colibris (*Eupetomena macroura*, *Phaethornis* sp., *Hylocharis* sp., *Leucochloris* sp.) e muitas outras aves, como tucanos, pica-paus etc.

Muitas espécies da flora e da fauna que possuem amplitudes ecológicas maiores são comuns aos biomas de mata de planície, mata de restinga e mata de encosta.

No Nordeste, grandes áreas de restinga são utilizadas para a cultura do coco-da-baía (*Cocos nucifera*), uma espécie exótica proveniente do litoral oeste do Oceano Pacífico. Além de ser apreciada pela água e pela polpa de seu fruto, essa espécie é também muito utilizada como planta ornamental nos jardins de residências e passeios públicos, principalmente em cidades litorâneas de clima quente e úmido.

3.8 Bioma Floresta Atlântica Densa Sempre-Verde de Manguezal (halo-helobioma)

Esse bioma distribui-se por todas as regiões litorâneas de clima tropical pluvial (equatorial), quente e úmido, do mundo, predominando na faixa intertropical, mas podendo estender-se pouco além dela em virtude de correntes marinhas costeiras e quentes que podem chegar a latitudes extratropicais. Os manguezais são um bioma restrito aos solos salinos, banhados pela água da maré. Eles não se desenvolvem onde as temperaturas médias ficam abaixo de 18 °C. No Brasil, os manguezais formam uma faixa descontínua que vai do Estado de Santa Catarina (região de Laguna) ao Amapá. Essa faixa pode ser bastante estreita, com alguns metros apenas, ou possuir até alguns quilômetros de largura, como acontece no litoral do Maranhão. Ela é típica de *ambientes fluviomarinhos*, como a desembocadura de rios, áreas *estuarino-lagunares*, enseadas (*lagamares*) protegidas no interior de baías, de mar pouco agitado, atmosfera calma, sem ventanias, não ocorrendo em locais de costão rochoso. No Brasil, sua área é estimada em pouco mais de 12.000 km².

Ocupando as planícies de maré, os manguezais são florestas tropicais pluviais densas sempre-verdes que se caracterizam por uma forte influência das *marés*. Essas florestas não apresentam nenhum outro estrato em seu interior, apesar da boa luminosidade ali existente. Epífitas são raras e lianas não existem. Seu porte pode atingir mais de 20 m de altura em certos locais, ficando suas copas bem acima do nível máximo das marés. Diariamente esses terrenos são alagados pela maré alta, ficando descobertos na *maré baixa*. Esse sobe e desce das águas ocorre duas vezes em 24 horas. A *preamar* (ou maré alta) delimita a largura da faixa de manguezal. Próximo ao seu limite com a terra firme, em terrenos só cobertos pelas marés mais altas, a vegetação torna-se mais baixa, ali predominando arbustos e algumas plantas herbáceas.

Os solos são de textura fino-areno-barrenta, lodosos, encharcados com água do mar, o que cria dois problemas para sua ocupação pelas plantas: a falta de arejamento para as raízes e a salinidade. Esta, além de dificultar a absorção de água devido à sua força osmótica, que pode chegar a valores de até 40 atm no interior do manguezal, "intoxica" o solo com excesso de íons sódio, provenientes do cloreto de sódio (NaCl). Esse sal ocorre na água do mar numa porcentagem de 3%. Somente espécies adaptadas a essas condições de encharcamento e salinidade conseguem se instalar nesse ambiente. O problema da falta de arejamento para as raízes das plantas é contornado pelas espécies que ali vivem por meio do desenvolvimento de raízes aéreas, chamadas de pneumatóforos (do grego *pneumato* = ar e *foro* = portador), que crescem verticalmente para fora do solo encharcado. Com essa adaptação, tais raízes ficam em contato com a atmosfera duas vezes ao dia, obtendo o oxigênio necessário à respiração de todo o sistema radicular. Por sua vez, o problema da salinidade é contornado por uma forte tolerância aos altos níveis de sódio da água do mar, chegando mesmo a acumular NaCl em seus tecidos. Com isso, atingem forças osmóticas de até 60 atm, bem superiores àquela da água do mar (25 atm), e, assim, absorvem água. O excesso de sal acumulado por plantas de certas espécies é excretado por glândulas existentes na epiderme de suas folhas ou pela própria cutícula.

Com sua trama de caules e raízes crescendo dentro da água, essas plantas funcionam como verdadeiros filtros da água proveniente dos rios e do mar, retendo grande quantidade de materiais em suspensão, em geral restos de galhos, folhas e outros detritos orgânicos. Com isso, o solo do manguezal se enriquece em matéria orgânica e nutrientes, tornando-se fértil, negro e lamacento. Como essa lama é pouco consistente, as plantas têm dificuldades em se fixar. Para contornar mais esse problema, uma espécie – *Rhizophora mangle* – desenvolve órgãos aéreos que crescem obliquamente em direção ao chão (Prancha 6, p. 100). Antes se pensava que esses órgãos fossem raízes; sua natureza caulinar ou radicular é, ainda hoje, discutível, apesar de estudos ontogenéticos e anatômicos recentes apontarem para uma natureza caulinar. Ao encontrar o solo lamacento e instável, tais órgãos produzem grande quantidade de pequenas raízes que nele se fixam, servindo assim como verdadeiras escoras para a planta. Esses órgãos são conhecidos pelo nome de rizóforos (do grego *rhiza* = raiz e *foro* = portador).

A vegetação dos manguezais apresenta uma nítida zonação, no sentido do mar para o continente. Bem à frente do mar ocorre uma faixa de vegetação constituída apenas por plantas de *Rhizophora mangle*. Mais para dentro essa espécie é substituída por *Avicennia tomentosa*. Mais internamente ainda aparece *Laguncularia racemosa*, seguida por *Hibiscus tiliaceus, Acrostichum aureum* e *Crinum attenuatum*. Essa sequência se explica pelo diferente grau de tolerância que essas espécies têm ao tempo de inundação e à salinidade da água. Por estar bem à frente do manguezal, a faixa de *Rhizophora mangle* é a primeira a ser inundada na enchente e a última a ser totalmente descoberta na *maré vazante* ou baixa-mar (Fig. 3.14).

A flora dos manguezais é muito restrita em todo o planeta, podendo chegar a apenas 20 espécies ao todo. Ela é bastante antiga, conhecendo-se fósseis desde o Cretáceo (135 milhões de anos atrás), como no caso da espécie *Nypa fruticans*, uma palmeira dos manguezais da região indo-pacífica. Os manguezais do Brasil são dos mais pobres em espécies, neles ocorrendo mais comumente o mangue-vermelho (*Rhizophora mangle*), a *Avicennia schaueriana* e o mangue-branco (*Laguncularia race-*

mosa), e outras menos frequentes, como *Hibiscus tiliaceus*, *Acrostichum aureum* (uma samambaia), *Crinum attenuatum*, *Spartina brasiliensis*, *Paspalum distichum* e *Fymbristilis glomerata*. A primeira é uma *espécie vivípara*, cujas sementes germinam dentro dos frutos, ainda presos à planta-mãe. O que se desprende dela e cai ao solo não é a semente, mas já uma plântula, cujo hipocótilo, porção do caule abaixo dos *cotilédones*, pode se fincar no solo lodoso e assim se "autoplantar". Em geral as sementes ou unidades de dispersão são transportadas pela água. *Rhizophora* e *Avicennia* são bastante conhecidas pela produção de tanino, sendo usadas em curtumes para curtir couro.

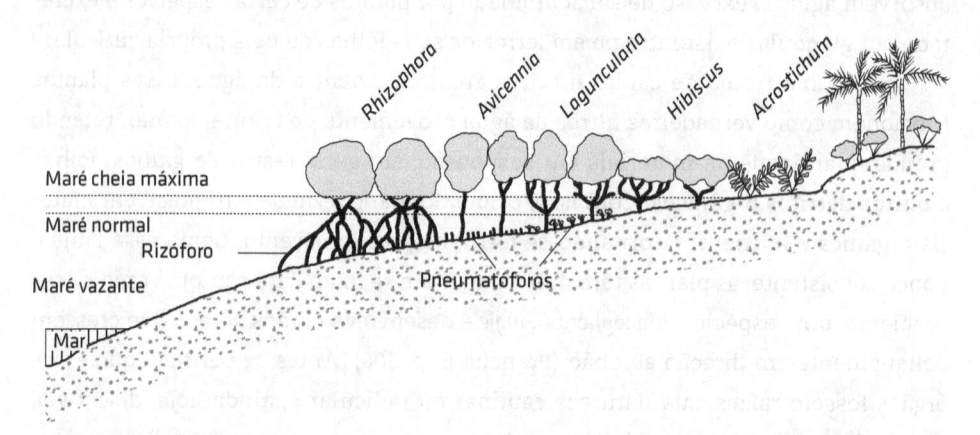

Fig. 3.14 *Perfil esquemático da fitofisionomia do manguezal mostrando a zonação dos gêneros de sua vegetação*

A fauna é marinha, constituída principalmente por crustáceos (caranguejos), moluscos (ostras, mariscos) e peixes, não havendo praticamente fauna terrestre, a não ser diversas espécies de aves de vida arborícola, como o guará (*Guara rubra*), de linda plumagem vermelha (Prancha 6, p. 100), e muitas garças. O nome Guaratuba, dado a regiões do litoral paulista e do Paraná, talvez provenha da abundância dessas aves nesses locais no passado (do tupi *guará* + *tuba* = muito guará). Os manguezais são de extrema importância para a reprodução de muitas espécies marinhas, por abrigarem e alimentarem grande número de larvas e animais jovens, como alevinos de peixes. No entanto, quando drenados, os solos do manguezal têm sido utilizados para a cultura de banana, por exemplo, colocando em risco a manutenção desse ecossistema litorâneo.

3.9 Bioma Floresta Tropical Estacional Densa Ripária (helobioma)

Essas florestas tropicais estacionais sempre-verdes desenvolvem-se à margem de cursos d'água, em um ambiente inundável em parte ou ao longo de todo o ano. São florestas cujo suprimento hídrico está intimamente ligado ao lençol freático e ao rio. Quando ocorrem próximas aos rios, mas sobre relevo acidentado ou barrancas, já fora do alcance do lençol ou da cheia do rio, são consideradas como outro tipo de floresta tropical estacional ripária. Nesses casos, elas são semidecíduas ou decíduas.

O nome ciliar deve-se ao fato de essas florestas formarem verdadeiros "cílios" que acompanham as margens dos rios. Quando os rios são estreitos, as copas dessas matas se fecham por cima deles, formando como que uma galeria. Daí o nome mata galeria. Seria como os cílios se tocando quando o olho está fechado. Essas matas formam faixas florestadas descontínuas, de largura não muito grande, mas que se estendem por milhares de quilômetros, se consideradas em sua totalidade. Limita-se seu conceito àquelas florestas tropicais em que a vegetação natural do interflúvio não é florestal e contínua até a margem dos rios (Fig. 3.15). Caso a vegetação natural do interflúvio seja florestal e contínua, não há por que chamá-la de ciliar ou galeria; seriam matas ripárias, ribeirinhas ou de várzea simplesmente. Em geral as matas ciliares ou galeria fazem limites com campos paludosos, encharcados pela água que drena dos lençóis freáticos dos interflúvios, comumente cobertos por cerrado. As cabeceiras dos rios nessas regiões formam verdadeiros anfiteatros pantanosos.

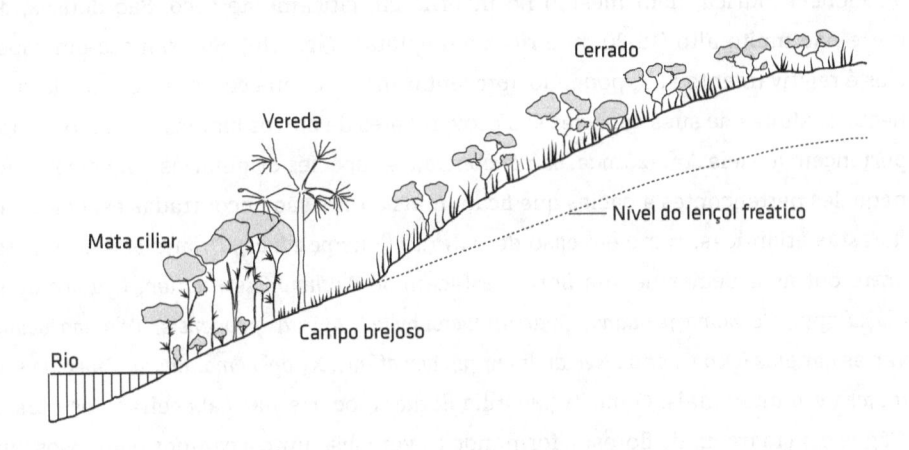

Fig. 3.15 *Perfil esquemático de fundo de vale com mata ciliar, vereda de buriti, campo brejoso e limite com o cerrado*

Sua distribuição se dá principalmente nos Estados de Mato Grosso, Mato Grosso do Sul, Tocantins, Goiás e Minas Gerais e no oeste da Bahia. Sua área é estimada por certos autores como equivalente a 5% da área do domínio do Cerrado, o que significaria aproximadamente 100.000 km².

Ao contrário de outras florestas análogas, anteriormente descritas, estas ocorrem em um clima tropical estacional, com uma estação chuvosa que coincide com o verão, indo de outubro a maio, e uma estação seca que coincide com a época do inverno, isto é, de maio a setembro. O verão é bem quente, com máximas que podem ultrapassar 40 °C, e o inverno possui máximas pouco inferiores, mas com mínimas pouco acima de 10 °C. Nessa estação o ar é muito seco, chegando a valores de 20-30% de umidade relativa.

Os solos são comumente aluviais, ou hidromórficos, por vezes podzólicos, inundados no verão pelas enchentes dos rios e, no inverno, pela água proveniente do lençol freático dos interflúvios cobertos por cerrado. Por ação da gravidade, essa água escorre sobre ou entre as raízes mais superficiais das árvores até atingir o rio. Não é, portanto, uma água que fica estagnada por longos períodos. Ao menos no inverno, os rios têm águas incolores, límpidas e cristalinas. Essas matas são de grande importância por constituírem verdadeiros filtros de material em suspensão e nutrientes trazidos dos interflúvios.

As condições de encharcamento do solo e consequente anoxia para os órgãos submersos têm efeitos semelhantes àqueles de outras florestas inundáveis, como as várzeas e igapós da Amazônia; isso é particularmente notável no que diz respeito às sementes, que não conseguem germinar em condições de submersão.

Essas florestas possuem vegetação sempre-verde, uma vez que não sofrem deficiência hídrica, nem mesmo no inverno climaticamente seco. São densas, de porte não muito alto (15-30 m) e ricas em epífitas (Fig. 3.16). Sua riqueza em espécies é relativamente alta, podendo apresentar mais de uma centena de espécies por hectare. Muitas de suas espécies são provenientes de outros biomas. Quando os rios pertencem à Bacia Amazônica, são encontradas espécies originárias daquela região; naqueles pertencentes a bacias que ficam mais ao sul, são encontradas espécies das florestas atlânticas, como é o caso do palmito (*Euterpe edulis*), *Drimys brasiliensis* etc. Entre outras espécies de sua flora, destacam-se *Blechnum serrulatum*, *Cyathea* spp., *Clusia* spp., *Geonoma pohliana*, *Guarea macrophylla*, *Tapirira guianensis*, *Talauma ovata*, várias canelas (*Ocotea* spp., *Nectandra* spp.), *Ilex affinis*, *Xylopia emarginata*, *Tabebuia serratifolia* e muitas mais. O buriti (*Mauritia flexuosa*) ocorre nas cabeceiras dos cursos d'água e na margem da floresta, formando as veredas, junto a campos paludosos que frequentemente se interpõem entre a mata e o cerrado.

Fig. 3.16 *Floresta Tropical Estacional Densa Ripária (versão colorida na p. 101)*

Quanto à fauna, muitas aves procuram essas florestas para nidificar, como a arara-canindé (*Ara ararauna*), que faz seus ninhos em ocos escavados em estipes mortas do buriti. Outra ave é o *Orthopsitacus manilata*, um papagaio que aparece muito nas veredas. Anfíbios diversos, capivaras (*Hydrochoerus hydrochaeris*), tapitis (*Sylvilagus brasiliensis*), antas (*Tapirus terrestris*), queixadas (*Tayassu pecari*), cervos (*Blastocerus dichotomus*), os mesmos que ocorrem no Pantanal mato-grossense, e macacos, como mico (*Callithrix penicillata*), prego (*Cebus apella*) e bugio (*Alouatta caraya*), também podem ocorrer. Muitos animais do Cerrado procuram essas matas e veredas para beber água, como dormitório ou, particularmente no caso de animais de maior porte, como refúgio durante incêndios. Os de pequeno porte, como não têm tempo para chegar até a mata, refugiam-se em buracos no solo, como os de tatu. Durante os meses secos de inverno, há animais do Cerrado que se deslocam até essas matas à procura de alimento fresco.

3.10 Bioma Floresta Tropical Estacional Densa Semidecídua (eubioma)

Também conhecido como Floresta Mesófila (do grego *mésos* = meio e *filo* = amigo, isto é, florestas de clima nem tão úmido, nem tão seco), esse é mais um bioma florestal que o mapa de "biomas" do IBGE (2004) coloca como bioma Mata Atlântica. O mapa dos domínios morfoclimáticos e fitogeográficos de Aziz Ab'Saber também coloca essas florestas dentro do Domínio Atlântico ou dos Mares de Morros. Todavia, essas florestas não são sempre-verdes, mas semidecíduas, não ocorrem sobre planícies costeiras ou zonas de encostas das serras que acompanham o litoral, e o seu clima é tropical estacional, com seca de 3-4 meses no outono/inverno, e não tropical pluvial sempre úmido. Não há por que considerá-las como pertencentes ao bioma Mata Atlântica ou ao Domínio Atlântico. São florestas interioranas que se distribuem principalmente sobre planaltos, em altitudes de 700-1.000 m acima do nível do mar, estendendo-se por uma área considerável do Planalto Central Brasileiro e pelo Planalto Paulista. Elas ocorrem sobretudo no Estado de Minas Gerais (Zona da Mata) e no Planalto Paulista, com espaços representativos no centro-oeste de Mato Grosso e no sul de Mato Grosso do Sul. Manchas menores ocorrem em Goiás e no Nordeste. *Grosso modo*, pode-se estimar sua área em 400.000 km^2.

O clima desse bioma não é equatorial quente e úmido como nos biomas costeiros, mas tropical estacional, com chuvas de 1.000 mm a 1.800 mm anuais, concentradas no verão, e com inverno seco de três a quatro meses. A temperatura média anual é de 22 °C a 26 °C.

Os solos são geralmente latossolos, profundos, arenoargilosos a argilosos, permeáveis, de cor vermelha a vermelho-amarelada ou roxa (terra roxa). São solos de relativa fertilidade a férteis, razão pela qual essas florestas quase desapareceram, tendo sido derrubadas em razão da madeira que possuíam e dos solos favoráveis à agricultura. Os antigos cafezais dos Estados de São Paulo e Minas Gerais foram plantados em terras dessas florestas. O pH do solo pode chegar a próximo de 7 em alguns locais. A superfície apresenta uma boa camada de serapilheira, de grande importância para a fertilidade desses solos. A produção de folhedo nessas matas pode chegar a 8,6 t/ha/ano. Estimou-se que quase 450 kg/ha/ano de macronutrientes chegam ao solo via queda de folhedo.

Fisionomicamente essas florestas são densas, com um porte de cerca de 30 m. Indivíduos emergentes podem atingir mais de 40 m de altura, com 2-3 m de diâmetro (Prancha 7, p. 102). Um belo exemplar dessas árvores emergentes pode ser apreciado quase às margens da Rodovia Anhanguera, no Parque Estadual de Vassununga, em Santa Rita do Passa Quatro (SP). Vale a pena conhecer e apreciar esse centenário jequitibá (*Cariniana legalis*) gigante com 3 m de diâmetro. Muito eventualmente, em anos mais secos, essas florestas podem ser atingidas e consumidas pelo fogo, como aconteceu na mata Capetinga Leste daquele parque. Esse incêndio de grandes proporções durou de agosto a outubro de 1975.

A flora dessas florestas é bastante rica, destacando-se pela sua importância a caputuna-preta (*Metrodorea nigra*), a gameleira (*Ficus glabra*), a jataúba (*Guarea trichilioides*), o araribá (*Centrolobium tomentosum*) e a canela-imbuia (*Nectandra megapotamica*), entre outras. Merecem destaque também os jequitibás rosa e branco (*Cariniana* spp.), o pau-jacaré (*Piptadenia gonoacantha*), a cabreúva (*Myroxylon peruiferum*), a imbaúba (*Cecropia cinerea*), o cedro (*Cedrela fissilis*), a paineira (*Chorisia speciosa*), o morototó (*Schefflera morototoni*), a orelha-de-macaco (*Enterolobium contortisiliquum*), o jatobá (*Hymenaea courbaril*), a peroba (*Aspidosperma polyneuron*), a copaíba (*Copaifera langsdorfii*), canelas (*Ocotea pretiosa*, *Ocotea catharinensis*, *Nectandra lanceolata*), o jacarandá (*Dalbergia frutescens*), o jerivá (*Syagrus romanzoffianum*), a sucupira-amarela (*Pterodon pubescens*) e a canjerana (*Cabralea cangerana*). Como na maioria das florestas tropicais brasileiras, os índices de espécies raras são altos e os de diversidade de espécies arbóreas estão entre os mais altos que se conhecem. Há autores que se referem à existência de dois estratos arbóreos de alturas diferentes, caracterizados por espécies distintas.

Quanto à fauna, os principais predadores nessas matas são a onça-pintada (*Panthera onca*), a onça-parda (*Felix concolor*) e a jiboia (*Boa constrictor*). Outros animais comuns são o coati (*Nasua nasua*), a queixada (*Tayassu albirostris*), o cateto (*Tayassu tajacu*), o tapiti (*Sylvilagus brasiliensis*), o veado-mateiro (*Mazama americana*), o jacu (*Penelope ochrogaster*), o uru (*Odontophorus gujanensis*), várias espécies de papagaio, maritacas, entre outros.

3.11 Bioma Floresta Tropical Estacional Densa Decídua (litobioma)

Essas florestas distribuem-se como manchas irregulares, mais ou menos isoladas umas das outras, desde o centro-leste do Maranhão, passando pela Bahia e por Goiás, até Minas Gerais e São Paulo, aqui com ocorrências pontuais. Por essa razão, sua área total é difícil de estimar, podendo-se falar, *grosso modo*, em cerca de 100.000 km².

O clima é tropical estacional, com 3-4 meses de seca coincidindo com o inverno. O mapa de vegetação do IBGE de 1995 indica duas áreas de floresta estacional decídua no Rio Grande do Sul e no extremo sudoeste de Santa Catarina, chamando-as até mesmo de floresta tropical. Todavia, essas florestas não são tropicais, mas de clima quente-temperado úmido, como será visto adiante. A caducidade de suas folhas decorre do inverno já bastante frio, e não de um período de seca, como ocorre onde o clima é tropical.

O bioma Floresta Tropical Estacional Densa Decídua distribui-se normalmente sobre solos litólicos (do grego *líthos* = pedra), isto é, sobre um substrato rochoso, de natureza frequentemente calcária. São solos férteis, mas a sua pequena espessura é a principal causa do estresse de água que a vegetação sofre na época da seca.

No verão, época das chuvas, essas florestas apresentam-se verdes e enfolhadas, com uma fisionomia relativamente densa. Seu porte pode atingir cerca de 20 m. São caducifólias ou decíduas, ou seja, deixam cair suas folhas na época da seca (Fig. 3.17). Nesse aspecto, lembram a Caatinga do Nordeste, exibindo até mesmo espécies de cactos em seu interior. Boa parte dessas florestas situa-se entre o bioma Cerrado e o bioma Caatinga. Todavia, nelas a seca não é tão intensa nem tão prolongada quanto na Caatinga. Essas florestas apresentam algumas lianas, mas praticamente não possuem epífitas. Da flora conhece-se um número menor de espécies, como a barriguda (*Cavanillesia arborea*), o mandacaru (*Cereus jamacaru*), o bacuri (*Platonia insignis*) e espécies dos gêneros *Tabebuia*, *Jacaranda*, *Anadenanthera*, *Apuleia*, *Chorisia*, *Bombax*, *Pterodon*, *Qualea*, *Peltophorum* e *Copaifera*, entre outros. A fauna dessas florestas se assemelha à das florestas tropicais estacionais semicaducifólias, sendo, todavia, bem mais pobre.

3.12 Bioma Savana Tropical Estacional (peino-pirobioma)

Esse bioma refere-se ao Cerrado, cujo nome vem da língua espanhola e quer dizer *fechado*. Como será visto adiante, existem cerrados abertos, o que seria uma contradição. É que há cerrados mais fechados e outros mais abertos. Eles são um bioma de savana tropical, semelhante àqueles que existem na Venezuela, conhecidos como *sabanas*, na África e na Austrália.

Fig. 3.17 *Floresta Tropical Estacional Densa Decídua (versão colorida na p. 101)*

O termo *cerrado* é um nome regional brasileiro, não se aplicando às demais savanas tropicais estacionais do mundo.

No Brasil, esse bioma tem o seu centro de distribuição no Planalto Central; todavia, suas áreas periféricas, situadas mais ao sul chegam até o Paraná, na forma de manchas isoladas, nos municípios de Campo Mourão e Jaguariaíva; rumo ao norte, atingem Roraima, já perto da divisa com a Venezuela. No Nordeste, aparecem nos tabuleiros, baixos planaltos e chapadas. A oeste, chegam até a Bolívia, na região do Beni. No Brasil, esse enorme espaço geográfico se estende ao todo por cerca de 1,5 milhão de quilômetros quadrados. O valor de 2 milhões de quilômetros quadrados frequentemente citado na literatura refere-se ao domínio do Cerrado, e não ao bioma; como já mencionado, *domínio* é distinto de *bioma*, abrangendo outros biomas diversos. A região central dos cerrados (região nuclear ou *core*) reveste superfícies aplainadas e superfícies sedimentares, cuja altitude situa-se entre 300 m e 1.700 m. Eles predominam nos interflúvios, com suaves vertentes que terminam nos rios e riachos que drenam toda a região. Ali o cerrado se limita abruptamente com campos inundáveis, resultantes do afloramento do lençol freático, que acompanham as florestas ciliares. A montante desses riachos aparecem os buritis (*Mauritia flexuosa*), as famosas veredas de Guimarães Rosa (Fig. 3.18).

Fig. 3.18 *Vereda com seus buritis (versão colorida na p. 101)*

O clima dominante no bioma Cerrado é o tropical estacional, com temperaturas médias anuais de 20-22 °C a 24-26 °C, dependendo da região. No inverno, as máximas mensais são semelhantes às do verão. As mínimas é que são mais baixas, caracterizando essa estação mais fria. Geadas são pouco frequentes, podendo ocorrer em regiões mais ao sul. Do ponto de vista térmico, a estacionalidade é pouco acentuada. Ela é pronunciada no que diz respeito à precipitação pluviométrica. Com médias anuais entre 1.000 mm e 1.800 mm, sua distribuição ao longo do ano permite distinguir claramente uma estação úmida, que concentra 80% das chuvas e que coincide com os meses de outubro a abril, da estação seca, que ocorre em junho, julho e agosto e costuma apresentar baixa pluviosidade e umidade relativa do ar em torno de 30%.

Os solos do bioma Cerrado são predominantemente de tipo latossolo, profundos, de cor vermelha ou vermelho-amarelada, com texturas que vão de arenosas a argilosas, sendo praticamente destituídos de *esqueleto* (pedras). Têm boa porosidade, permeabilidade e arejamento. O relevo plano e essas propriedades físicas credenciam esses solos para a agricultura. O lençol freático é permanente, embora sua profundidade flutue um pouco durante as estações do ano. Isso garante o suprimento d'água para as plantas com raízes profundas. O grande problema dos solos de Cerrado está em suas propriedades químicas: são ácidos, com pH de 4,5 a 5,5, ricos em íons alumínio, que são tóxicos para as plantas agrícolas, e pobres em bases, como K, Ca e Mg, e em N e P, todos eles elementos essenciais ao desenvolvimento e à boa produção agrícola. São solos oligotróficos ou distróficos. As escolas de Agronomia do País souberam contornar esses problemas e tornar essas áreas altamente produtivas, principalmente em grãos, como a soja, e também em frutíferas. Em primeiro lugar é necessário fazer uma correção da acidez, pela aplicação de maciças quantidades de calcário. Pouco tempo depois é realizada a aplicação dos adubos. Com essa técnica, tais solos tornam-se agricultáveis e altamente produtivos. Em virtude dessa alta produtividade, os cerrados já perderam cerca de 50% de sua área natural, tendo poucas áreas protegidas por Unidades de Conservação, o que é lamentável.

A vegetação de Cerrado é savânica. Como tal, ela não apresenta uma fisionomia única, mas um gradiente que vai de campo limpo a cerradão, uma floresta de 15-18 m de altura, passando por fisionomias intermediárias, como campo sujo, campo cerrado e cerrado *sensu stricto*, o qual representa 70% da área do bioma. Esse gradiente de fisionomias ecológica e floristicamente afins, formando na natureza um mosaico, é característico do bioma Savana. A vegetação apresenta duas camadas ou estratos: uma herbácea, contínua, e outra lenhosa, descontínua, formada por árvores e/ou arbustos. No caso do campo limpo, só existe o estrato herbáceo, sem lenhosas. No cerradão, o estrato lenhoso é relativamente contínuo, com poucas herbáceas em seu interior (Fig. 3.19). Epífitas são raras. Lianas podem ocorrer no cerradão. A vegetação lenhosa apresenta folhas de superfície geralmente ampla, pilosas ou brilhantes, e esclauromorfas (do grego *esclero* = duro, enrijecido, e *morfo* = forma, isto é, folhas duras, coriáceas). Diz-se que a sua vegetação lenhosa é escleromorfa, e não xeromorfa (do grego *xeros* = seco e *morfo* = forma), como se dizia antigamente. Os troncos e ramos apresentam-se caracteristicamente tortuosos. Essa tortuosidade pode ser devida ao fogo ou a razões genéticas. No primeiro caso, ela seria decorrente da morte dos botões apicais, ou terminais, com o consequente rebrotamento dos brotos laterais. Se o motivo for genético, ela se daria pelo fato de as flores serem apicais, encerrando a atividade desses brotos e provocando o desenvolvimento dos brotos laterais. Outro aspecto notável das árvores e arbustos do Cerrado é a espessa camada de súber (cortiça) que reveste os troncos e ramos, o que é interpretado como uma adaptação ao fogo, uma vez que a cortiça é um excelente isolante térmico. A biomassa do Cerrado pode variar conforme o tipo de fisionomia; da mais aberta (campo limpo) à mais fechada (cerradão), sua parte aérea varia entre 6 t/ha e 30 t/ha (Prancha 8, p. 104). Já a parte subterrânea pode ir de 15 t/ha a 50 t/ha. No total, haveria uma variação de 20 t/ha a 80 t/ha. Alguns cerradões mais densos podem atingir mais de 90 t/ha somente na parte aérea. Note-se que a parte subterrânea da vegetação do Cerrado em geral tem maior biomassa que a aérea, como será discutido adiante.

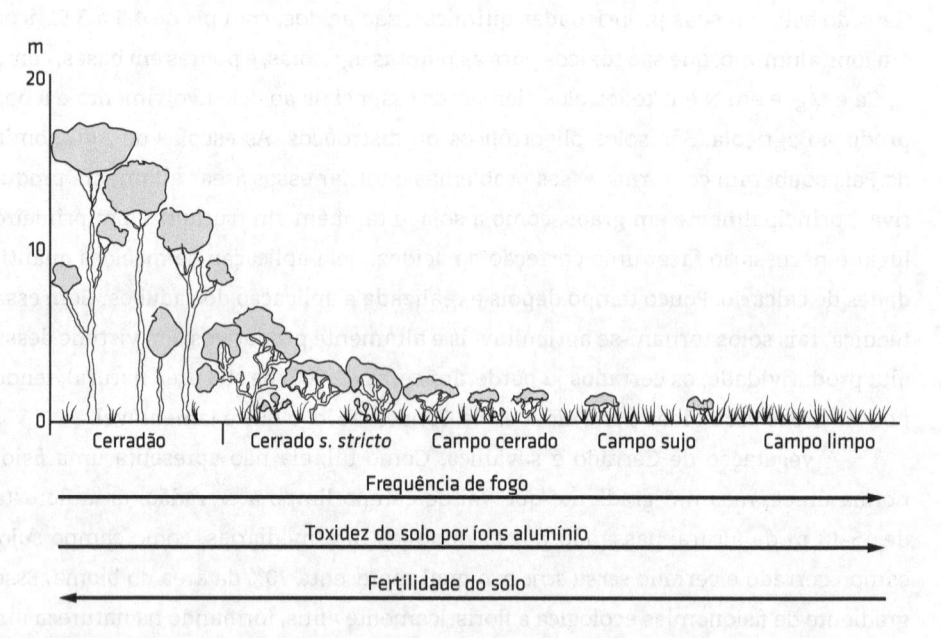

Fig. 3.19 *Perfil esquemático do gradiente fitofisionômico do cerrado* sensu lato

A flora do Cerrado é riquíssima, com mais de 7.000 espécies conhecidas até hoje, sendo a proporção entre herbáceas e lenhosas de 3:1, aproximadamente. Certos autores falam em mais de 12.000 espécies; todavia, eles incluem erroneamente como Cerrado outros biomas adjacentes, mas distintos, como mata galeria e mata tropical estacional. A família das gramíneas domina o estrato herbáceo, com muitas espécies com *fotossíntese de tipo C4*, que é altamente eficiente. Dessa família é possível citar o capim-flechinha (*Echinolaena inflexa*), *Aristida gibbosa*, *Eragrostis glomerata*, *Gynmopogon spicatus* e o capim-flecha (*Tristachya leiostachya*). Entre as Asteraceae (Compositae), *Bidens gardnerii*, *Calea cuneifolia*, *Vernonia herbacea* e *Viguiera discolor*. De outras famílias têm-se *Bulbostylis paradoxa*, *Sinningia allagophylla*, *Eriope crassipes*, *Andira humilis*, *Anacardium nanum*, *Stylosanthes capitata*, *Tetrapterys humilis*, *Lantana montevidensis*, *Pfaffia jubata*, *Chrysophyllum soboliferum*, *Gomphrena macrocephala*, a catuaba (*Anemopaegma arvense*), a palmeirinha de caule subterrâneo (*Acanthococcus emensis*) e centenas de outras mais. Do estrato lenhoso arbustivo-arbóreo sobressaem o ipê-amarelo (*Tabebuia* spp.), o pau-terra (*Qualea grandiflora*), o barbatimão (*Stryphnodendron adstringens*), a caviúna-do-cerrado (*Dalbergia violacea*), o pau-santo (*Kielmeyera coriacea*), o mercúrio-do-campo (*Erythroxylum suberosum*), a lixeira (*Curatella americana*), o pequi (*Caryocar brasiliense*), a paineira-do-campo (*Eriotheca pubescens*), o pau-de-colher (*Salvertia convallariodora*) e muitas mais (Prancha 9, p. 106).

Os primeiros trabalhos sobre Cerrado mostraram que, enquanto as árvores tinham sistemas radiculares profundos, do tipo raiz pivotante, atingindo camadas do solo permanentemente úmidas, já próximas ao lençol freático, as plantas herbáceas tinham raízes superficiais, de pouca profundidade. Isso permitiu entender os resultados de trabalhos posteriores, em que se observou que as árvores de Cerrado transpiram livremente durante o dia, mesmo em plena estação seca, algumas delas até florescendo, como o ipê-amarelo (*Tabebuia* spp.). Elas não sofrem com a falta de água da seca climática, não sendo, portanto, xerófitas. Entre as herbáceas foram encontrados muitos órgãos subterrâneos, do tipo *rizomas*, *bulbos*, *rizóforos*, *xilopódios* (*xylos* = madeira e *podos* = pé, isto é, plantas com um pé lenhoso), que rebrotam após a seca e as queimadas, graças a reservas acumuladas nesses órgãos. Como as camadas superficiais do solo se dessecam no período da seca, esse estrato de plantas de raízes superficiais sofre fortes deficiências hídricas, a ponto de seus ramos e folhas secarem e morrerem nessa época. Todavia, seus órgãos de resistência subterrâneos mantêm-se vivos.

> O primeiro livro sobre a ecologia do Cerrado foi escrito por Eugen Warming, um dinamarquês que viveu e trabalhou em Lagoa Santa (MG). Foi o primeiro livro dessa natureza escrito no mundo, publicado em dinamarquês nos idos de 1892 sob o título *Lagoa Santa: Et Bidrag til den biologiske Plantegeographi*. Por essa razão, Warming é considerado o pai da Fitoecologia. Com a criação da Universidade de São Paulo, em 1934, emigrou da Alemanha para o Brasil o Prof. Dr. Felix Kurt Rawitscher, que ocupou a cátedra de Botânica daquela universidade. Ao tomar conhecimento do livro de Warming, Rawitscher passou a se interessar por pesquisas em Cerrado. Em colaboração com seus assistentes, como Dr. Mario G. Ferri e Dra. Mercedes Rachid, publicou trabalhos sobre os sistemas subterrâneos das plantas de Cerrado.

Além da pobreza nutricional de seus solos, o fogo é outro fator de grande importância na ecologia do Cerrado. Até algum tempo atrás, pensava-se que ele teria origem apenas antropogênica, isto é, que o homem é quem provocava todas as queimadas. Pesquisas recentes vieram a mostrar que os raios também podem atear fogo à vegetação, particularmente no início e no fim da época das chuvas, quando a biomassa do estrato herbáceo está seca. Durante o auge do período de seca, incêndios naturais provocados por raios não ocorrem, mesmo porque não há chuvas nem raios. O fogo é comum em todas as savanas do mundo, havendo inúmeros registros de quando é provocado por raios. É claro que o homem, com sua atividade incendiária, aumentou em muito sua incidência. Mas há dados de carvões encontrados na região do Cerrado com idades de até 32.000 anos – quando a sua origem antropogênica seria pouco provável – que atestam a ocorrência de fogo no Cerrado já naquela época. Outra comprovação da antiguidade do fogo no Cerrado está no fato de as plantas apresentarem diversas adaptações a esse fator ambiental, como cortiças espessas, que isolam os tecidos vivos dos troncos das altas temperaturas das chamas. Mesmo assim, mortes de ramos e troncos sempre ocorrem, fazendo com que o cerrado se torne mais aberto, em especial se as queimadas forem muito frequentes.

O estrato herbáceo é particularmente adaptado ao fogo, graças a múltiplas estratégias adaptativas. Uma delas é o imediato florescimento de suas plantas após a passagem das chamas. Bastam alguns poucos dias para que, do interior do solo, emerjam numerosas flores, antes mesmo das folhas (Prancha 10, p. 107). Além de estimular ou induzir a floração nessas plantas, o fogo sincroniza essa floração em toda a população de indivíduos da mesma espécie, o que é importante para a ocorrência de polinização cruzada e para a recombinação genética. Outra adaptação observada é a abertura de frutos e a liberação das sementes poucos dias após a queimada. Com isso, as sementes, que comumente se dispersam pelo vento, não encontram a macega de capim que poderia prejudicar sua dispersão e podem ser levadas com o vento a longas distâncias. Além disso, poderão germinar e suas plântulas poderão ter seu crescimento favorecido pela maior exposição à luz, na ausência de sombreamento por outras plantas.

Outro efeito do fogo é a rápida remineralização da biomassa combustível, reduzindo-a às suas cinzas, que nada mais são do que o componente mineral da biomassa. Dessa forma, as cinzas depositadas sobre o solo acabam sendo incorporadas a ele, recicladas, servindo novamente de adubo para as plantas. Uma boa parte das cinzas é perdida com a fumaça, sob a forma de micropartículas em suspensão na atmosfera. Com o decorrer de algum tempo – três, quatro anos –, esse material acaba retornando ao solo por gravidade ou lavado da atmosfera pela água das chuvas. Para que o balanço de nutrientes no solo não seja prejudicado, é essencial que as queimadas não sejam feitas com muita frequência, a fim de se dar o que o caboclo chama de *tempo de descanso*, que nada mais é que o tempo necessário para que tudo o que foi perdido para a atmosfera acabe por retornar. Se bem manejado, o fogo pode trazer certas vantagens ao cerrado, tais como prevenir incêndios desastrosos, principalmente para a fauna, reciclar os nutrientes minerais mantidos sob forma inútil na palha seca, promover a floração das plantas herbáceas, bem como sua disseminação, e aumentar a biodiversidade específica e de fitofisionomias. Nunca queimar uma Unidade de Conservação de cerrado pode trazer prejuízos incalculáveis à causa da conservação, uma vez que, na maioria dos casos, isso permite que tudo se transforme em cerradão, perdendo-se assim três quartos da flora do Cerrado, que é herbácea. Junto com isso, perde-se toda a fauna característica de vegetação aberta (como as formas mais campestres de cerrado), que, por sinal, é mais numerosa que a fauna do cerradão. A ema (*Rhea americana*), a seriema (*Cariama cristata*), muitos passarinhos (aves Passeriformes, como o ameaçado galito – *Alectrurus tricolor*), o veado-campeiro (*Ozotoceros bezoarticus*), o tamanduá-bandeira (*Myrmecophaga tridactyla*) e tantas outras espécies animais desapareceriam por não viverem em ambientes florestais, como seria o cerradão (Prancha 11, p. 108). Unidades de Conservação de cerrado devem ser manejadas com a realização de queimadas programadas em parcelas previamente selecionadas, como os sul-africanos fazem com seus *prescribed-fires* a fim de bem manejar suas savanas, mantendo toda aquela fantástica biodiversidade de fauna.

Um problema que parece mais sério que os incêndios de vegetação é a invasão do cerrado por espécies exóticas de gramíneas africanas, como o capim-gordura (*Melinis minutiflora*), o capim-jaraguá (*Hyparhenia rufa*) e a braquiária (*Urochloa decumbens*), entre outras (Fig. 3.20). Esta última é especialmente agressiva, pois, além de tolerar muito bem o fogo, crescendo até com mais vigor após a queima, reproduz-se com grande facilidade e libera substâncias tóxicas para as espécies nativas, matando-as ao seu redor. Com isso, vai ganhando espaço e expandindo-se por toda a área. Muitas de nossas Unidades de Conservação estão em grande parte invadidas por essa espécie. Desse modo, a biodiversidade vai diminuindo, caminhando rumo a um pasto monoespecífico de braquiária. Embora ela seja apreciada pelo gado, muitos herbívoros do Cerrado necessitam em sua dieta de frutos, flores ou folhas que só as plantas nativas lhes garantem. Portanto, a biodiversidade se reduz em relação não apenas à flora, mas também à fauna.

A fauna do Cerrado é típica de região aberta. Se comparada com a fauna de mamíferos das savanas africanas, ela é menor em riqueza de espécies e tamanho de populações. Não se veem aqui grandes manadas de búfalos, antílopes e gnus como lá. Os cervídeos são representados apenas por poucas espécies, como o veado-campeiro (*Ozotoceros bezoarticus*), o veado-mateiro (*Mazama americana*) e o cervo-do-pantanal (*Blastocerus dichotomus*). Este último limita-se às margens úmidas das matas ciliares, com seus campos paludosos e veredas de buriti (*Mauritia flexuosa*).

Os carnívoros maiores são a onça-pintada (*Panthera onca*) e a onça-parda, puma ou suçuarana (*Felix concolor*). O lobo-guará (*Chrysocyon brachyurus*) é um animal onívoro (do latim *omnivorus* = que come de tudo) que se alimenta de pequenos roedores, répteis, aves que nidificam no chão e seus filhotes, além de muitos frutos, como os da lobeira (*Solanum lycocarpum*) (Fig. 3.21). O lobinho ou cachorro-do-mato (*Dusicyon thous*) e o cachorro-do-mato-vinagre (*Speothos venaticus*), este de rara ocorrência, são outros canídeos do Cerrado. Antas (*Tapirus terrestris*), relativamente comuns sobretudo à noite ou nas bordas das matas, próximo aos rios, são herbívoros que se alimentam das folhas de arbustos e de pequenas árvores. Queixadas (*Tayassu pecari*) andam em grupos ameaçadores. O tamanduá-bandeira (do tupi *tã-mondoar* = caçador de formiga) (*Myrmecophaga tridactyla*) alimenta-se muito mais de cupins (do tupi *copii* = formiga branca), insetos com numerosos gêneros e espécies, do que propriamente de formigas. Os tatus-canastra (*Priodontes giganteus*), os tatus-galinha (*Dasypus novemcinctus*) e os tatupebas ou tatus-peludos (*Euphractus sexcinctus*) também se alimentam desses insetos e de larvas de saúvas-cabeça-de-vidro (*Atta laevigata*) e saúvas-limão (*Atta sexdens rubropilosa*). As aves são muito bem representadas no Cerrado, com araras-canindé (*Ara ararauna*), papagaios diversos, grande número de espécies de passarinhos (Passeriformes), perdizes (*Rhynchotus rufescens*), codornas (*Nothura minor*), seriemas (*Cariama cristata*) e a maior delas, a ema (*Rhea americana*), cujo macho cruza com várias fêmeas, mas tem que chocar os ovos e criar os filhotes. Entre os répteis, merecem atenção a cascavel (*Crotalus durissus*) e a jararaca, com várias espécies do gênero *Bothrops*. A fauna de insetos é excepcionalmente numerosa, com muitas abelhas, vespas, mutucas etc.

Fig. 3.20 *Invasão de capim-gordura (Melinis minutiflora) (versão colorida na p. 115)*

Fig. 3.21 *Lobo-guará (versão colorida na p. 115)*

Com relação à dinâmica dessa fauna, é interessante observar o seu deslocamento para a proximidade dos rios durante o período de seca. No período chuvoso do verão, ela se distribui por todo o interflúvio. Esse movimento parece dever-se principalmente à maior disponibilidade de alimento junto às matas ciliares durante a seca.

Nos dias atuais, a devastação do Cerrado tem sido maior que a da Amazônia. Em 2012, foram derrubados 6.400 km² destas matas, enquanto o Cerrado perdeu 7.400 km² no mesmo ano. Entre 1990 e 2010, o Cerrado perdeu 265.595 km² de sua vegetação arbórea original. Em 2010, restavam apenas 47% de sua área natural. Vale lembrar que rios brasileiros importantes, como o São Francisco, o Tocantins e o Araguaia, bem como seus afluentes, nascem no bioma Cerrado.

3.13 Bioma Savana Tropical Estacional Semiárida (eubioma)

Esse bioma refere-se à Caatinga do Nordeste, cujo nome vem do tupi (*caa* = mato e *tinga* = branco, claro). Convém esclarecer que *caa* não significa mata ou floresta, mas sim mato, planta, vegetação, seja ela qual for. Daí existirem termos provenientes do tupi como capim, que obviamente não é uma mata e que vem de *caa* (mato) e *pi* (fino), isto é, mato de folha fina. O mesmo é válido para caapora ou caipira, que vêm de *caa* (mato) e *pora* (morador), ou caroba, carobinha (*caa* = mato e *roba* = amargo). O nome *caatinga*, dado pelos indígenas, refere-se ao aspecto esbranquiçado que a vegetação adquire quando derruba suas folhas no período seco.

Esse bioma ocorre na região Nordeste do Brasil, cobrindo grande parte do interior dos Estados do Piauí, Ceará, Rio Grande do Norte, Alagoas, Sergipe, Pernambuco e Bahia e o norte de Minas Gerais. Sua área total corresponde a aproximadamente 800.000 km². É a região semiárida mais povoada do mundo, com uma população de cerca de 15 milhões de habitantes dispersa por toda a área rural. Só o Nordeste concentra cerca de 50% de toda a população rural do Brasil.

A Caatinga nordestina coincide com amplas *depressões intermontanas* e interplanálticas, superfícies aplainadas (*pediplanos*), entremeadas por *planaltos*, como o da Borborema, *chapadas* e *serras*, como a Diamantina, a do Araripe, a de Tabatinga e outras mais. Essas chapadas situam-se 700-800 m acima do nível do mar, enquanto as depressões ficam bem abaixo, a 200-300 m de altitude. Nos altos dos *chapadões* e *interflúvios* de chapadas encontram-se cerrados. Vez por outra, em meio a essas depressões, são encontrados *inselbergs* (do alemão *insel* = ilha e *berg* = montanha), morros isolados, como ilhas, revestidos por florestas, chamados pelos nordestinos de *brejos*. A temperatura mais baixa e a maior umidade decorrente permitem ali o desenvolvimento de matas semelhantes àquelas tropicais pluviais de encosta.

Essas savanas semiáridas são chamadas de savanas estépicas pelo Projeto Radambrasil, do IBGE. Neste livro, essa terminologia é considerada imprópria, uma vez que as estepes têm fisionomia diversa e são típicas de clima frio. Sua localização chama a atenção pelo fato de estarem em latitudes semelhantes às de boa parte da Amazônia quente e úmida e, no entanto, terem um clima semiárido. O clima é tropical estacional semiárido, com pluviosidade da ordem de 600-800 mm anuais, concentrada em meses do outono e inverno, ao contrário de outras regiões de clima tropical estacional, em que as chuvas ocorrem na primavera-verão. Esses totais anuais médios variam muito de ano para ano. Há anos em que as chuvas se reduzem a menos de 300 mm. São os períodos das grandes secas do Nordeste, que geralmente acontecem em anos de aparecimento do fenômeno El Niño. Além da má distribuição das chuvas ao longo dos meses do ano, com períodos secos de mais de seis meses, existe má distribuição de ano para ano.

Na região da Caatinga nordestina, as chuvas originam-se principalmente da zona de convergência intertropical (ZCIT), formada pela convergência dos ventos alísios de norte e de sul, a qual se aproxima do Nordeste brasileiro nos meses de outono-inverno. Sua aproximação depende do aquecimento do Oceano Atlântico nos hemisférios norte e sul. Daí o nordestino chamar a época de chuvas de inverno. Mesmo porque o ano todo é quente, com temperaturas médias mensais em torno de 27 °C, não havendo um período mais frio. Essas temperaturas elevadas o ano todo causam uma alta evapotranspiração potencial, corresponsável pela semiaridez. Na Caatinga nordestina, muitos rios são temporários, refletindo a inexistência de lençóis freáticos permanentes.

Essa falta geral de umidade dificulta a decomposição das rochas e a formação de solo. O que ocorre é, em geral, a desintegração da rocha em fragmentos de pedra.

Com isso, os solos que se formam são rasos, esqueléticos, pedregosos. Não são incomuns áreas onde a rocha aflora diretamente na superfície. Falta espessura ao solo para que ele possa acumular reservas hídricas que venham a abastecer a vegetação na época da seca. Do ponto de vista nutricional, os solos podem ser férteis, podendo até formar cacimbas salinas em alguns locais, graças à evapotranspiração alta, que acaba por concentrar os sais em solução nas superfícies.

A vegetação da Caatinga nordestina é de savana. Uma savana semiárida, xerofítica, decídua (Fig. 3.22), portanto distinta do Cerrado, que também é uma savana, porém mesofítica (do grego *mésos* = meio, intermediário, e *phyton* = planta), mais úmida. É distinta também das caatingas da Amazônia, cuja vegetação é de savana extremamente úmida, higrofítica (do grego *hygrós* = úmido), crescendo sobre solos arenosos e alagados. Como as demais savanas, ela apresenta-se como um mosaico de fitofisionomias em gradiente, que vão desde a caatinga arbórea, florestada, até a caatinga baixa, passando por fisionomias de escrube e savana *sensu stricto*, e refletindo com isso o gradiente das condições hídricas no solo (Fig. 3.23). A ocorrência comum de espécies suculentas, espinescentes e urticantes é uma característica da Caatinga nordestina. Em comparação com outros biomas tropicais, a flora da Caatinga é relativamente pobre, contando com cerca de mil espécies. Onde os solos são mais secos, muito rasos, ou onde a rocha é exposta, forma-se uma caatinga baixa, praticamente com um único estrato de plantas, em geral cactos suculentos, como a coroa-de-frade (*Melocactus bahiensis*), o xiquexique (*Pilosocereus gounellei*) e o chegue-pra-lá (*Harrisia adscendens*), e outras, como o cansanção (*Jatropha urens*) e bromélias de folhas espinhentas, como *Encholirium* sp., *Bromelia laciniosa* e *Neoglaziovia variegata*. Uma parente das samambaias bastante curiosa é o jericó (*Selaginella convoluta*), que se desseca completamente na época seca, mas que "revive" quando voltam as chuvas. Onde os solos reservam mais água, a caatinga é mais arborizada ou arbustiva, com a jurema (*Mimosa* sp.), o velame (*Croton campestre*), o facheiro (*Cereus squamosus*), o mandacaru (*Cereus jamacaru*), a palma (*Opuntia inamoena*), cultivada para alimentação do gado, o umbuzeiro (*Spondias tuberosa*), cujas raízes tuberosas (bucus) ricas em água servem ao sertanejo para saciar sua sede, a faveleira (*Cnidoscolus phyllacanthus*), o pau-pereiro (*Aspidosperma pyrifolium*), a amburana (*Amburana cearensis*), a quixabeira (*Bumelia sartorum*), o juazeiro (*Ziziphus joazeiro*) e o icó (*Capparis yco*). Finalmente, na caatinga arbórea, aparecem a barriguda (*Cavanillesia arborea*), paineiras (*Chorisia* spp.), a aroeira (*Myracrodruon urundeuva*), a baraúna (*Schinopsis brasiliensis*), a catingueira (*Caesalpinia pyramidalis*), a oiticica (*Licania rigida*) e várias acácias (*Acacia* spp.) (Prancha 12, p. 109). Na margem de alguns rios, em solos encharcados, formam-se carnaubais (*Copernicia prunifera*), importantes pela sua produção de cera de carnaúba, de aplicação industrial (Fig. 3.24). Interessante notar que o sertanejo nordestino conhece muito bem a flora da Caatinga, dando nomes populares a quase todas as espécies. Adaptadas ao clima semiárido, elas são fortemente xerofíticas, caducifólias, derrubando as folhas na seca e assim reduzindo a superfície transpirante e a perda de água pela planta. *Cutículas foliares pouco permeáveis à água, rápido fechamento dos estômatos (aberturas da epiderme por onde a folha troca gases com a atmosfera), suculência e metabolismo CAM são outras adaptações à secura do sertão.*

Fig. 3.22 *Uma fisionomia da Savana Tropical Estacional Semiárida*

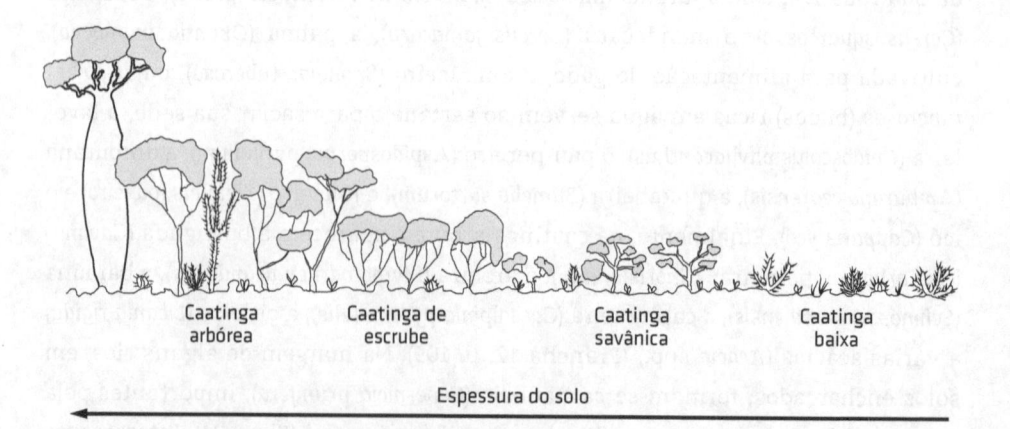

Caatinga arbórea — Caatinga de escrube — Caatinga savânica — Caatinga baixa

Espessura do solo

Fig. 3.23 *Perfil esquemático do gradiente fitofisionômico da Caatinga*

A fauna da Caatinga, dizimada ao extremo, pode ser representada por espécies como o carcará (*Caracara plancus*), a asa-branca (*Patagioenas picazuro*), a virtualmente extinta ararinha-azul (*Cyanopsitta spixii*), o soldadinho-do-araripe (*Antilophia bokermanni*), o corrupião (*Icterus jamacaii*), o veado-catingueiro (*Mazama gouajubira*), o veado-campeiro (*Ozotoceros bezoarticus*), a jaguatirica (*Leopardus tigrinus*), o gato-mourisco (*Felix yagouaroundi*), o macaco-prego (*Cebus apella*), o sagui (*Callithrix* sp.), o tatu-bola (*Tolypeutes tricinctus*), o preá (*Cavea aperea*), *Kerodon* sp., *Galea* sp., *Wiedomys* sp., *Bolomys* sp., *Thrichomis* sp., o tapiti (*Sylvilagus brasiliensis*), várias espécies de lagartos, entre outras (Prancha 13, p. 110).

Atualmente, discute-se o processo de desertificação no Nordeste, mas esse fenômeno não necessariamente conduz à formação de um bioma. Deserto é um bioma com características próprias de clima, solo, fitofisionomia e fauna. Não basta uma pobreza de vegetação para se falar em deserto. O clima, o solo, a vegetação e a fauna do Nordeste brasileiro não são aqueles de um bioma de deserto nem poderiam alterar-se a esse ponto em tão curto período de tempo. O que existe no Nordeste é a degradação intensa e profunda de um bioma de savana semiárida, que leva a uma

Fig. 3.24 Copernicia prunifera

diminuição da biomassa, a uma maior exposição do solo etc. Entre 1990 e 2010, a Caatinga perdeu mais de 80.000 km² de sua vegetação lenhosa natural. Em 2010, restavam apenas 63% de sua vegetação original. Dependendo da magnitude do processo de degradação, a desertificação pode ser revertida e o bioma tende a voltar ao que era antes, mesmo que para isso demande um bom tempo. Em grande parte, essa degradação é provocada pela pecuária de caprinos, animais que se adaptam bem às condições de seca, mas que destroem a vegetação se não forem bem manejados. A capacidade de suporte da Caatinga não é suficiente para sustentar populações tão grandes desses animais. O uso inadequado da vegetação pelo homem também leva à sua degradação; basta observar as intermináveis cercas feitas com milhares de troncos e galhos em paliçada que delimitam as propriedades rurais.

3.14 Bioma Floresta Quente-Temperada Úmida Densa Sempre-Verde de Araucária (orobioma)

Esse tipo de bioma, conhecido como mata de araucária, pinhais, floresta subtropical mista, é predominante na região Sul do Brasil. O termo *mista* deve-se ao fato de essa floresta apresentar um dossel formado exclusivamente pela araucária, uma gimnosperma, e um sub-bosque onde predominam espécies de dicotiledôneas (Fig. 3.25). De acordo com a International Union for Conservation of Nature (IUCN), esse bioma já perdeu 95% de sua área original, estimada em 220.000 km². O motivo dessa verdadeira devastação é o enorme interesse econômico criado pela espécie dominante, o pinheiro-brasileiro (*Araucaria angustifolia*), produtor de madeira e celulose. Conhecido pelos índios pelo nome de *curi*, ele deu nome à cidade de Curitiba (do tupi *curi* = pinhão e *tyba* = muito). Os indivíduos dessa espécie podem sobreviver por 200 a 500 anos. O gênero *Araucaria* tem algumas outras espécies, como a *Araucaria araucana*, do Chile, e a *Araucaria bidwilli*, da Austrália, ambas cultivadas no Brasil como árvores ornamentais.

Fig. 3.25 *Floresta Quente-Temperada Úmida Densa Sempre-Verde de Araucária*

Explorado intensamente a partir do século XIX, esse tipo de floresta encontra-se em perigo crítico de extinção. Infelizmente há poucas Unidades de Conservação em sua área de ocorrência natural, e as que existem são de tamanho relativamente pequeno. A araucária não se regenera muito bem no interior de florestas mais densas, o que possibilita a sua substituição por outras espécies. Ela parece precisar de mais luz para se desenvolver, o que explica a sua invasão dos campos sulinos das serras.

Esse bioma distribui-se pelos planaltos do norte do Estado do Rio Grande do Sul e pelos Estados de Santa Catarina e Paraná, chegando como áreas disjuntas até os Estados de São Paulo, Minas Gerais e Rio de Janeiro. No Sul, ele ocorre normalmente em altitudes de 400 m a 900 m (Fig. 3.26). À medida que diminui a latitude, ele passa a ocorrer somente em altitudes maiores, como na Serra da Mantiqueira, a mais de 2.000 m.

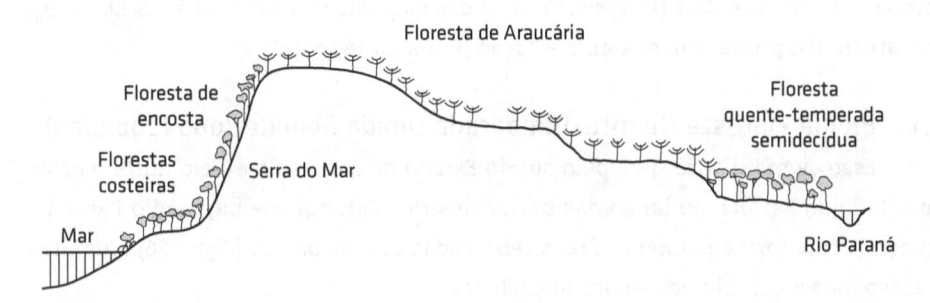

Fig. 3.26 *Perfil esquemático da vegetação do Estado do Paraná (leste-oeste)*

Seu clima é quente-temperado úmido, com temperaturas médias anuais de 10 °C a 18 °C, podendo chegar a temperaturas mínimas de –10 °C em alguns dias do inverno. Em tais ocasiões, as geadas são frequentes, ocorrendo até mesmo neve. Todavia, a média das mínimas nos meses de inverno fica acima de 0 °C. Os índices pluviométricos giram em torno de 1.500 mm anuais, não havendo período de seca. Os solos são provenientes de *arenitos* e *basaltos* (pedra-ferro), profundos, férteis e bem drenados.

Graças ao pinheiro-do-paraná, a espécie dominante, essas matas podem atingir 50 m de altura, com troncos de até 2,5 m de diâmetro. Enquanto seus indivíduos jovens têm o formato de um cone, os adultos vão perdendo seus ramos inferiores, transformando-se em verdadeiras umbelas. A densidade de araucárias em tais florestas varia entre 5 e 25 indivíduos por hectare. Essa espécie tem *raízes pivotantes* (raiz peão) que podem atingir até 2 m de profundidade. Por estar em perigo de extinção, hoje o Estado de São Paulo proíbe sua comercialização. Outras espécies também ali ocorrem, como a bracatinga (*Mimosa scabrella*), a canela-sassafrás (*Ocotea pretiosa, Ocotea odorifera*), a canela-preta (*Ocotea catharinensis*), a imbuia (*Ocotea porosa*), *Ocotea pulchella*, o mate (*Ilex paraguariensis*), muito usado pelos gaúchos para fazer chá, *Drimys brasiliensis*, o pinheirinho (*Podocarpus lambertii*), a criciúma (*Chusquea ramosissima*), o taquari (*Merostachis claussenii*), mirtáceas, como *Gomidesia* sp. e *Myrceugenia* sp., e o xaxim (*Dicksonia sellowiana, Alsophila setosa*), muito empregado na fabricação de vasos e substrato para orquídeas. Entre as epífitas, encontram-se algumas espécies vasculares, liquens e musgos. Dada sua natureza climática mais temperada, a flora ali é bem menos rica em espécies do que nas florestas tropicais.

Da fauna, merecem destaque, por sua ação dispersora do pinhão, a gralha-azul (*Cyanocorax caeruleus*), a gralha-amarela (*Cyanocorax chrisops*) e o papagaio-de-peito--roxo (*Amazona vinacea*). Outras aves que se pode citar são as arapongas (*Procnias nudicollis*), os gaturamos (dos gêneros *Euphonia* e *Chlorophonia*), os tucanos (*Ramphastos* spp.), os macucos (*Tinamus solitarius*), os jacus (do gênero *Penelope*) e as jacutingas (*Pipile jacutinga*). Entre os mamíferos, destaca-se a presença de diversos roedores, como é o caso das cutias (*Dasyprocta* sp.) e dos esquilos ou caxinguelês (*Sciurus* sp.), que utilizam o pinhão em sua alimentação (Prancha 14, p. 111).

3.15 Bioma Floresta Quente-Temperada Úmida Semidecídua (eubioma)

Esse bioma distribui-se pelo sul do Estado de São Paulo e pelo norte e oeste do Estado do Paraná, ao longo das bacias dos rios Paranapanema, médio Paraná e Iguaçu. Ocupa principalmente áreas rebaixadas dessas bacias (Fig. 3.26). Sua área corresponde a aproximadamente 100.000 km^2.

O clima dominante é o quente-temperado úmido, com verões quentes e invernos mais acentuados do que no clima tropical. No inverno, a temperatura média fica em torno de 15 °C, e a média das mínimas situa-se em aproximadamente 10 °C. Geadas são frequentes em certos anos, prejudicando as lavouras de café que para ali migraram a partir do Estado de São Paulo. O clima é sempre úmido, não havendo um período de seca. A precipitação média anual é de cerca de 1.600 mm, sendo ela bem distribuída ao longo do ano, ao contrário do que ocorre no clima tropical estacional. No Estado de São Paulo, esse clima penetra pela região sul, na região de Itapeva, chegando aos municípios de Ibiúna e São Roque. Prosseguindo em direção nordeste, ele vai reaparecer na Serra da Mantiqueira, em altitudes bem maiores, acima de 2.000 m, em Campos do Jordão e em Monte Verde, já em Minas Gerais.

Na região do noroeste paranaense, os solos são provenientes de rochas basálticas que se formaram no passado geológico após grandes derramamentos de magma e que deram origem ao que hoje é a Serra Geral do sul brasileiro. Ali predominam solos férteis do tipo *terra roxa* legítima, razão pela qual os cafezais obtêm alta produtividade e boa qualidade, como nas regiões de Ourinhos, Umuarama e Londrina. Nas demais regiões, os solos são um pouco mais pobres.

A vegetação dessas florestas é densa, com 20-30 m de altura e grande quantidade de *madeira de lei*. A queda parcial das folhas no inverno é decorrente das baixas temperaturas mínimas dessa estação, e não da seca, como ocorre nas florestas tropicais estacionais semidecíduas das regiões Central e Sudeste. A transição florística entre esses dois tipos de floresta parece ser bastante suave.

Fazem parte da flora desse bioma o jatobá (*Hymenaea altissima*), o pau-d'alho (*Galesia gorazema*), *Sloanea* sp., a canela-preta (*Nectandra megapotamica*), a peroba-rosa (*Aspidosperma polyneuron*), a canafístula (*Peltophorum dubium*), o pau-marfim (*Balfouro-*

dendron riedelianum), o palmito (*Euterpe edulis*) e outras mais. A fauna nessas florestas é similar à de outras florestas densas, como a onça-pintada, a anta, a paca, a cutia, a capivara, macacos diversos, papagaios, entre outros.

Em virtude do desenvolvimento agropecuário, essas florestas foram grandemente devastadas, restando poucas áreas residuais em algumas fazendas.

3.16 Bioma Floresta Quente-Temperada Úmida Decídua (eubioma)

Esse tipo de bioma florestal ocorre no centro-leste e no noroeste do Rio Grande do Sul e em parte do sudoeste de Santa Catarina, formando duas pequenas áreas nas bacias dos rios Jacuí, Ijuí, Pardo, Taquari e Uruguai. Em seu total, ele soma cerca de 50.000 km^2, situando-se entre o bioma da Floresta de Araucária ao norte e os Pampas ao sul, já na borda do Planalto Meridional.

O clima é quente-temperado úmido, com um inverno bem rigoroso de cerca de três meses, quando as mínimas absolutas ficam abaixo de 0 °C, podendo atingir 5-6 °C negativos. As médias anuais de temperatura ficam entre 16-18 °C. As precipitações são uniformes ao longo de todos os meses do ano, com totais anuais por volta de 1.800 mm.

Os solos têm algumas características de solos de regiões temperadas, opondo-se aos latossolos típicos de regiões tropicais. Do ponto de vista nutricional, eles são mais férteis e, por isso, muito utilizados em atividades agropecuárias, razão pela qual essas florestas estão reduzidas a menos de 4% de sua área original.

A vegetação tem um porte de cerca de 20-30 m de altura, é densa e decídua, ao menos em seus estratos arbóreos superiores.

Quanto à flora, bem mais pobre que aquelas das florestas tropicais, podem-se citar o açoita-cavalo (*Luehea divaricata*), o tarumã (*Vitex megapotamica*), o ingá (*Inga uruguensis*), *Ruprechtia laxiflora*, o branquilho (*Sebastiana commersiona*), a grápia (*Apuleia leiocarpa*), o angico-vermelho (*Parapiptadenia rigida*), o louro-pardo (*Cordia trichotoma*), o pau-marfim (*Balfourodendron riedelianum*), a canafístula (*Peltophorum dubium*), o cedro (*Cedrela fissilis*), o alecrim (*Holocalix balansae*), o pessegueiro-do-mato (*Prunus myrtifolia*), o pessegueiro-bravo (*Prunus sellowii*), a canela-de-veado (*Helietta apiculata*), o umbu (*Phytolaca dioica*), a guajuvira (*Patagonula americana*), o guatambu (*Aspidosperma australe*), *Rauvolfia sellowii*, o araticum (*Rollinia* spp.) e outras mais. Quanto à fauna, ela é semelhante em parte à das matas de Araucária.

Sistemas complexos 4

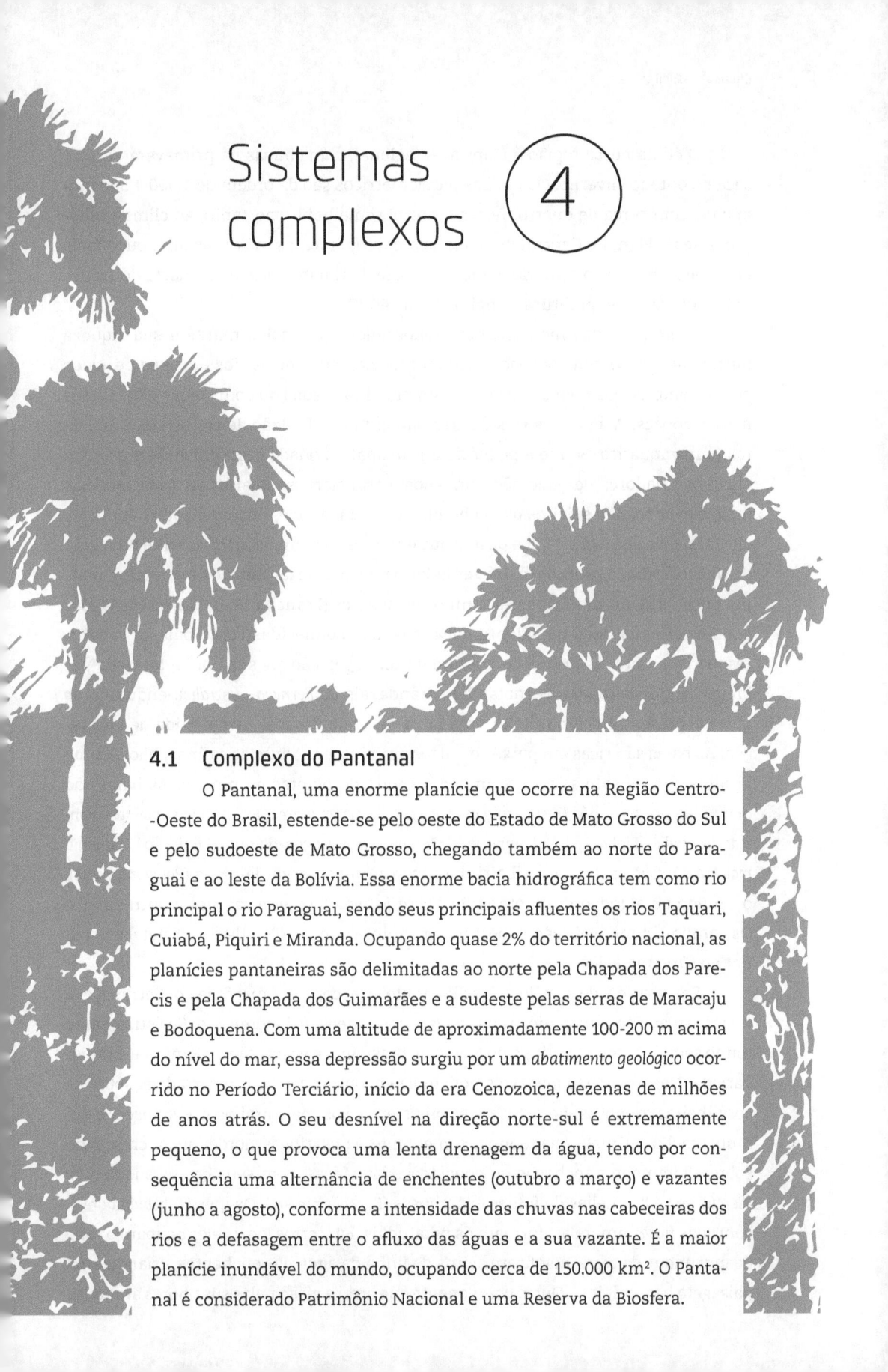

4.1 Complexo do Pantanal

O Pantanal, uma enorme planície que ocorre na Região Centro-Oeste do Brasil, estende-se pelo oeste do Estado de Mato Grosso do Sul e pelo sudoeste de Mato Grosso, chegando também ao norte do Paraguai e ao leste da Bolívia. Essa enorme bacia hidrográfica tem como rio principal o rio Paraguai, sendo seus principais afluentes os rios Taquari, Cuiabá, Piquiri e Miranda. Ocupando quase 2% do território nacional, as planícies pantaneiras são delimitadas ao norte pela Chapada dos Parecis e pela Chapada dos Guimarães e a sudeste pelas serras de Maracaju e Bodoquena. Com uma altitude de aproximadamente 100-200 m acima do nível do mar, essa depressão surgiu por um *abatimento geológico* ocorrido no Período Terciário, início da era Cenozoica, dezenas de milhões de anos atrás. O seu desnível na direção norte-sul é extremamente pequeno, o que provoca uma lenta drenagem da água, tendo por consequência uma alternância de enchentes (outubro a março) e vazantes (junho a agosto), conforme a intensidade das chuvas nas cabeceiras dos rios e a defasagem entre o afluxo das águas e a sua vazante. É a maior planície inundável do mundo, ocupando cerca de 150.000 km². O Pantanal é considerado Patrimônio Nacional e uma Reserva da Biosfera.

O clima nessa região é tropical estacional, com chuvas na primavera-verão e seca no outono-inverno. Os índices pluviométricos são da ordem de 1.000-1.500 mm anuais, com cerca de quatro meses secos. É semelhante, portanto, ao clima predominante no Planalto Central Brasileiro, com temperaturas máximas um pouco mais elevadas. É notório o calor do verão na cidade de Cuiabá, situada ao norte do Pantanal, podendo a temperatura atingir mais de 40 °C.

Embora predominantemente arenoargilosos, os solos mantêm sua riqueza nutricional em virtude dos ricos sedimentos deixados pelos rios em seus períodos de enchente. Áreas imensas ficam totalmente inundadas ou com solos encharcados nessas épocas. A água dos rios é extremamente fértil, razão de ser de sua riquíssima fauna aquática. Sendo a pecuária a principal atividade econômica da região, na cheia os criadores de gado são obrigados a transferir seus animais para terrenos mais elevados, não sujeitos às enchentes. Esse trabalho é recompensado depois, na vazante, pela abundância dos pastos que então se formam. Principalmente na região de Nhecolândia, o Pantanal é um verdadeiro mosaico de lagoas, rios e corixos, canais por onde as águas das lagoas escoam rumo aos rios (Prancha 15, p. 112). Essas lagoas podem ter água doce ou salobra, alcalinas. São conhecidas como baías e salinas, respectivamente. As primeiras costumam ter vegetação até sua borda, formada por brejos ou por verdadeiras matas de carandazais (*Copernicia australis*), enquanto as outras apresentam comumente uma faixa de praia arenosa, desprovida de vegetação. As baías são ricas em peixes e outros animais, enquanto as salinas, não. A água alcalina dessas salinas parece impedir a vida de plantas e animais. As baías são ocupadas por aguapés (*Eichhornia crassipes*, *Eichhornia azurea*, *Eichhornia subovata*), *Pontederia ovalis*, *Tipha* sp., *Cabomba* sp., *Marsilia* sp., alfaces-d'água (*Pistia* sp.), *Salvinia molesta* e *Azolla* sp. Na zona ribeirinha encontram-se a erva-de-bicho (*Polygonun acre*), o canudo ou algodão-do-pantanal (*Ipomoea fistulosa*), *Cuphea speciosa* e outras mais. Os campos inundáveis são cobertos por capim-mimoso (*Paratheria prostata*) e arroz nativo (*Oryza latifolia*).

Em virtude de sua localização fronteiriça com a Amazônia, o Cerrado e o Chaco argentino-paraguaio, uma região com áreas fisionômica e floristicamente muito semelhantes à Caatinga do Nordeste brasileiro, a vegetação do Pantanal é muito variada. Nas áreas não alagáveis podem-se encontrar cerrados e cerradões sobre as cordilheiras arenosas, florestas estacionais em solos mais argilosos e siltosos, e até o quebracho ou mata chaquenha, semelhante às caatingas nordestinas, crescendo sobre afloramentos rochosos ou concreções lateríticas, com seus cactos suculentos (*Cereus* sp.) e bromélias de folhas espinhosas (*Encholirium* sp.). Os ipês (*Tabebuia aurea*), com suas flores amarelas, formam os paratudais. Em certos locais eles ocupam o topo de murundus de terra, que ficam acima da linha da água nas enchentes, criando uma paisagem bem original. Outro componente que atrai a visão pelas suas flores amarelas é o pau-de-tucano (*Vochysia tucanorum*). Bocaiuvas (*Acrocomia aculeata*), o pequi (*Caryocar brasiliense*), a aroeira (*Myracrodruon* sp.), o embiruçu (*Bombax* sp.), o timbó (*Magonia* sp.), figueiras (*Ficus* spp.) e o chico-magro (*Guazuma ulmifolia*) são também espécies comuns. Nas matas ribeirinhas têm-se o acuri (*Attalea princeps*), o jenipapo (*Genipa americana*) e o tarumã (*Vitex* sp.).

A fauna terrestre é igualmente riquíssima. Ela impressiona não só pela diversidade específica, mas também pelo tamanho de suas populações. Fala-se em 45.000 cervos-do-pantanal (*Blastocerus dichotomus*), mais de três milhões de jacarés (*Caiman yacare*), 5.000 araras-azuis (*Anodorhynchus hyacinthinus*) e de 3.000 a 5.000 onças--pintadas (*Panthera onca*). Além dessas espécies, citam-se o jaburu ou tuiuiú (*Jabiru mycteria*), ave símbolo do Pantanal, o colhereiro (*Ajaia ajaja*), a anhuma ou tachã (*Chauna torquata*), o martim-pescador (*Chloroceryle amazona*), a ema (*Rhea americana*) e a capivara (*Hydrochoerus hydrochaeris*) (Prancha 15, p. 112). Imagine-se, então, a riqueza da biota aquática. Toda essa enorme biomassa animal reflete em última instância a grande produtividade da vegetação e a fertilidade de suas águas e de seus solos inundáveis. Não é por outra razão que o homem explora essa região para a criação de gado.

Por ter tanta diversidade de fitofisionomias, o Pantanal, embora possua um clima uniforme, tropical estacional, não apresenta aquela uniformidade exigida pelo conceito de bioma que se explicitou anteriormente. O mesmo se pode dizer de seus solos, ora não inundáveis e arenosos, como nas cordilheiras – áreas que ficam acima do nível superior das enchentes –, ora sujeitos à inundação e à fertilização pelos rios, ora rasos, sobre afloramentos rochosos. Consequentemente não se pode considerá-lo um bioma, mas sim um *complexo*, isto é, um espaço geográfico definido, mas bastante diversificado quanto a seus solos e fitofisionomias. São múltiplos ambientes, com múltiplas condições ecológicas, reunidos num mesmo espaço.

4.2 Campos Sulinos (paleobioma?)

Os Campos Sulinos distribuem-se em sua maior parte pelo Estado do Rio Grande do Sul, ocorrendo como manchas também nos Estados de Santa Catarina e Paraná. Nas regiões serranas dos três Estados, eles situam-se a 500-900 m de altitude, em planaltos ali existentes, onde são conhecidos como campos paleáceos, campos serranos ou ainda campos grossos. Todavia, no Rio Grande do Sul predominam aqueles das planícies e *coxilhas*, a 100-200 m de altitude. São os campos finos da campanha sul-riograndense, os pampas. A área de distribuição dos Campos Sulinos é de aproximadamente 180.000 km². Além do Brasil, os pampas ocorrem também no Uruguai e na Argentina. No projeto Radambrasil, eles aparecem com o nome de estepes, com o que se discorda aqui, uma vez que as estepes são de clima frio e seco, o que não é o caso; os pampas são frios, mas úmidos. Estepes verdadeiras vão ocorrer no centro-sul da Argentina, como na região de El Calafate, onde é frio e seco.

O clima dos Campos Sulinos é quente-temperado úmido, com precipitações médias anuais de 1.200-1.600 mm. A temperatura média anual situa-se entre 13 °C e 17 °C, com verões quentes e invernos curtos, mas bem frios, particularmente nas regiões serranas. Nessas regiões chega a ocorrer neve em alguns anos, motivo de maior atividade turística na época de inverno. Mas não é sempre que neva, nem neva por longos períodos, como numa região temperada típica. Esse é um dos motivos de essas regiões serem consideradas de clima quente-temperado. Uma característica notável dos pampas são os fortes ventos *minuanos*, bem conhecidos dos gaúchos.

Os solos são relativamente férteis, propiciando uma grande biomassa de herbáceas, que é aproveitada economicamente para a criação de gado bovino e ovino (Prancha 16, p. 114). É uma região de grande produção de carne, tanto para consumo interno quanto para exportação. Outra forma mais atual de aproveitamento dessas áreas tem sido a silvicultura, com extensas áreas plantadas com diversas espécies de eucalipto (*Eucalyptus*). Esses eucaliptais desenvolvem-se bastante bem, com boa produção de madeira ou celulose, o que reforça a opinião de que o bioma natural dessa região deveria ser florestal, e não campestre.

Os Campos Sulinos podem ser mais ou menos altos, mais ou menos densos e com grande número de espécies. Estima-se que sua flora compreenda cerca de 3.500 espécies, principalmente de gramíneas e asteráceas (família da margarida e do girassol), cada qual com cerca de 450 espécies, pertencentes aos gêneros *Andropogon*, *Stipa*, *Poa*, *Paspalum*, *Panicum*, *Aristida*, *Eleusine*, *Elionurus*, *Erianthus*, *Vernonia*, *Baccharis* e muitos outros mais. Além desses, existem outros gêneros de outras famílias, como *Oxalis*, *Plantago*, *Trifolium* e *Eryngium*, entre outros, igualmente ricos em espécies.

A fauna de porte, constituída por emas (*Rhea americana*), veados-campeiros (*Ozotoceros bezoarticus*), lobos-guarás (*Chrysocyon brachyurus*), graxains (*Pseudalopex gymnocercus*), zorrilhos (*Conepatus chinga*) e furões (*Galictis cuja*), encontra-se em avançado processo de extinção, devido principalmente à caça e à competição por alimento entre o gado, as espécies nativas herbívoras e algumas invasoras, como a lebre-europeia.

Nas condições ambientais atuais, os Campos Sulinos não representam hoje um bioma. Como visto anteriormente, as condições de clima e de solo permitem o desenvolvimento de florestas, com muito maior biomassa que os campos. Clima e solo não seriam fatores limitantes ou determinantes de sua vegetação atual. Trabalhos feitos com grãos de pólen fósseis, encontrados em sedimentos ou em turfeiras, têm demonstrado que no passado, milhares de anos atrás, essa região sofreu uma série de alternâncias entre climas mais frios e secos e climas mais úmidos e mais amenos. Com isso, a vegetação também se alterou, ora fazendo com que as florestas se expandissem sobre áreas campestres, ora o inverso. Hoje é possível observar nos campos serranos, vizinhos às florestas de araucária, uma invasão destas em direção aos campos.

Muitas das espécies herbáceas são tolerantes a fogo, rebrotando após sua ocorrência. Essa tolerância se explica pelo fato de muitas delas desenvolverem órgãos subterrâneos especiais que ficam assim protegidos das altas temperaturas atingidas pelas chamas, rebrotando logo em seguida. Tal adaptação ao fogo sugere que no passado incêndios provocados por raios selecionaram essas características genéticas, favorecendo a expansão dos campos em detrimento das áreas florestais. Isso ocorreria particularmente nos períodos de maior seca e maior frio, quando a palha do capim funciona como excelente combustível. Como a vegetação campestre é mais tolerante ao fogo do que a florestal, ela se expandiria sobre áreas de bordas de florestas eliminadas pelo fogo. Outra explicação possível seria a existência de grandes herbívoros no passado geológico, como o *Toxodon* sp., um animal semelhante ao rinoceronte africano, a preguiça gigante (*Glossotherium robustum*), encontrada nos pampas do Uruguai, e mastodontes (*Stegomastodon waringi*), que teriam mantido a vegetação aberta. Ainda hoje manadas de elefantes mantêm a savana africana aberta graças à sua ação de herbivoria.

Embora o clima venha passando por um período *pós-glacial* mais úmido e mais quente do que milênios atrás, o que propicia a expansão das florestas sobre os pampas, isso não tem acontecido em virtude da chegada do homem primitivo, no início do Pleistoceno, há cerca de 12.000 anos (há indícios de que ele tenha convivido, presenciado e talvez contribuído para a extinção da megafauna daquela época). Para caçar suas presas, ateava fogo à vegetação, mantendo assim os campos. Com a vinda do homem europeu, no século XVI, esse processo se manteve e se expandiu, com o uso desses campos para a pecuária. Para manejar os pastos e fazê-los mais produtivos, impedindo sua ocupação por lenhosas, o homem atual continua a roçar e queimar esses campos. Assim, a região dos Campos Sulinos mantém-se como uma região campestre, embora naturalmente devesse ser uma região de florestas. Esses campos não parecem ser, portanto, um verdadeiro bioma, um ambiente natural, mas, talvez, um paleobioma (do grego *palaiós* = antigo), um bioma do passado, mantido hoje pelas atividades agropastoris (fogo e pastoreio) do homem. Eles não constituem paisagens naturais, mas antrópicas, dada a profunda e intensa interferência do homem europeu durante os últimos séculos. Retirada essa interferência, a paisagem natural seria por certo diferente. Unidades de Conservação da região, se mantidas por longo tempo absolutamente isentas da ação do fogo e do gado, comprovariam essa afirmação e mostrariam qual o verdadeiro bioma natural e atual daquela região. Infelizmente, nas Unidades de Conservação ali existentes há o costume de atear fogo à vegetação e criar gado em seu interior, como nas demais áreas de propriedade privada. Manter o campo como campo por meio de fogo e pastejo não significa que se esteja praticando manejo sustentável com o objetivo de conservar a natureza, mas manejo e conservação de pastagens primitivas, mantidas artificialmente pelo homem. Não fosse esse manejo, essas áreas de campo muito provavelmente seriam ocupadas naturalmente por Florestas Quente-Temperadas de Araucária ou Florestas Quente-Temperadas Decíduas, como mencionado. Elas seriam talvez o verdadeiro bioma correspondente às condições climáticas e edáficas atuais da região. O que se faz usando fogo e pastejo é impedir que esse bioma se instale por um processo sucessional, que começaria pelas gramíneas em touceiras, *Baccharis*, *Eryngium*, e pequenos arbustos. Isso não significa que as Unidades de Conservação devessem todas elas suspender o uso do fogo e do gado em seu manejo; sua flora riquíssima também deve ser conservada. Todavia, parte dessas Unidades de Conservação deveria ser manejada de forma diversa, suspendendo a queima e o pastejo, a fim de permitir que as comunidades se sucedessem, até chegarem à comunidade clímax, seja ela qual for, que corresponderia ao real bioma nas condições naturais atuais.

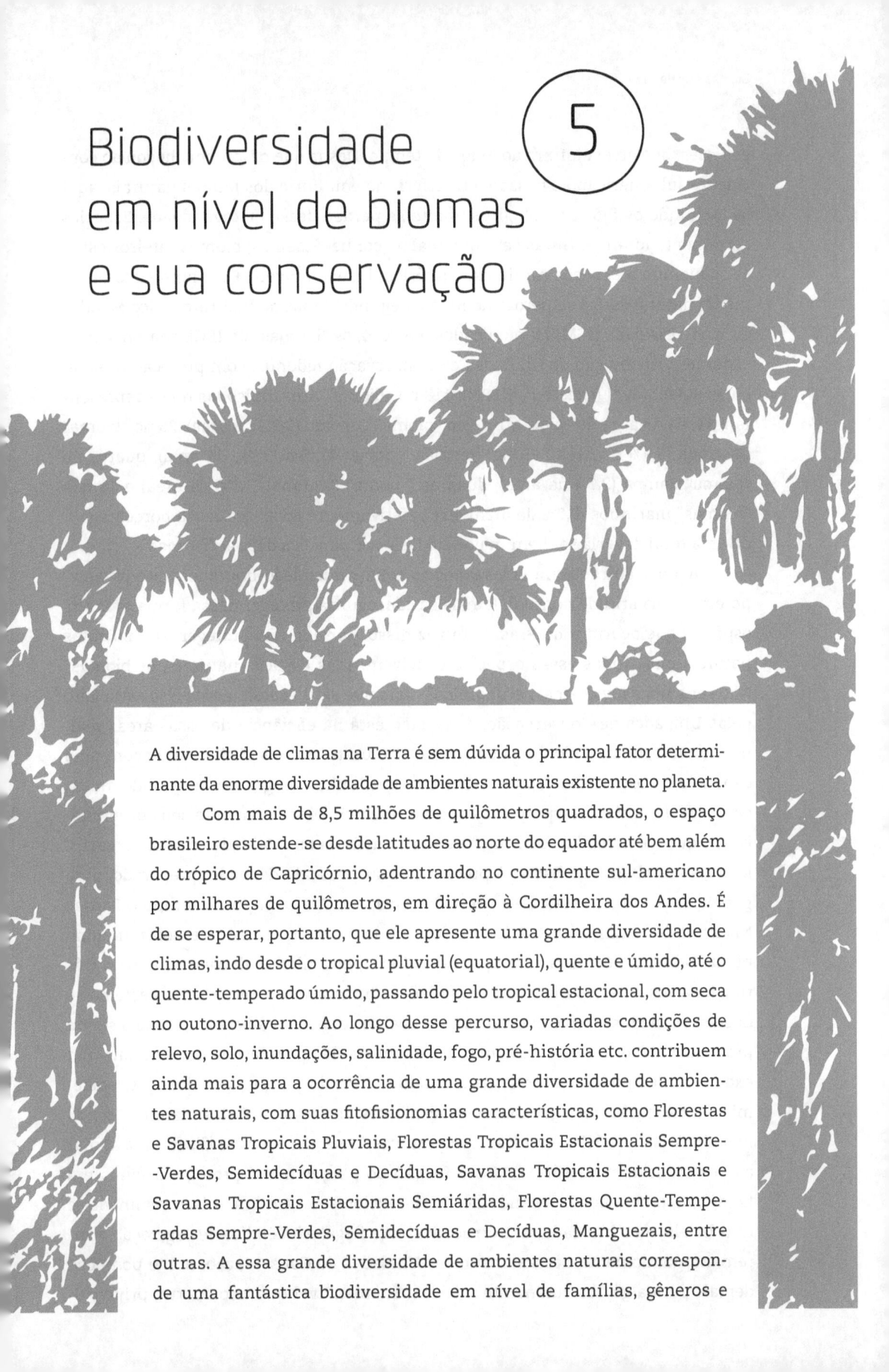

Biodiversidade em nível de biomas e sua conservação 5

A diversidade de climas na Terra é sem dúvida o principal fator determinante da enorme diversidade de ambientes naturais existente no planeta.

Com mais de 8,5 milhões de quilômetros quadrados, o espaço brasileiro estende-se desde latitudes ao norte do equador até bem além do trópico de Capricórnio, adentrando no continente sul-americano por milhares de quilômetros, em direção à Cordilheira dos Andes. É de se esperar, portanto, que ele apresente uma grande diversidade de climas, indo desde o tropical pluvial (equatorial), quente e úmido, até o quente-temperado úmido, passando pelo tropical estacional, com seca no outono-inverno. Ao longo desse percurso, variadas condições de relevo, solo, inundações, salinidade, fogo, pré-história etc. contribuem ainda mais para a ocorrência de uma grande diversidade de ambientes naturais, com suas fitofisionomias características, como Florestas e Savanas Tropicais Pluviais, Florestas Tropicais Estacionais Sempre-Verdes, Semidecíduas e Decíduas, Savanas Tropicais Estacionais e Savanas Tropicais Estacionais Semiáridas, Florestas Quente-Temperadas Sempre-Verdes, Semidecíduas e Decíduas, Manguezais, entre outras. A essa grande diversidade de ambientes naturais corresponde uma fantástica biodiversidade em nível de famílias, gêneros e espécies, que ali evoluíram ao longo do tempo. Desde que o Homem chegou ao continente sul-americano e passou a interferir no equilíbrio dos fatores naturais, aqui se incluindo os fatores biológicos, muito se perdeu dessa biodiversidade. Espécies certamente foram extintas sem que mal as conhecêssemos, biomas inteiros estão se reduzindo a espaços mínimos, irrisórios, insustentáveis. Esse fantástico patrimônio natural está a se perder no Brasil. Segundo dados do Instituto Chico Mendes de Biodiversidade (ICMBio) publicados em 2014, os "biomas" do IBGE contam com a seguinte distribuição de Unidades de Conservação federais, com proteção integral e uso sustentável (exceto as RPPN): 118 no "bioma" Amazônico (as quais representam 14,3% da área do "bioma"), 47 no "bioma" Cerrado (3,2% da área), 25 no "bioma" Caatinga (3,9% da área), 99 no "bioma" Mata Atlântica (3,7% da área), quatro no "bioma" Pampa (2,1% da área), duas no "bioma" Pantanal (1,0% da área) e 18 nos "biomas" marinhos (0,2% da área). Para efetivamente conservá-los, a porcentagem da área total deveria ser bem maior, dadas as dimensões desses "biomas".

A proteção a determinadas espécies, como o mico-leão-dourado, é interessante, porém é uma atitude pontual. Jamais se conseguiria proteger dessa forma todas as espécies que ocorrem no Brasil. Em vez disso, por que não proteger os ambientes naturais onde todas essas espécies convivem, seus espaços naturais, os biomas? Não seria mais lógico, mais econômico? Claro que sim! Teoricamente isso seria feito pelas Unidades de Conservação. A questão está na eficiência de essas áreas realmente protegerem a biota nelas contida. Não basta criá-las oficialmente, com uma canetada no papel. Não basta estabelecer seus limites geográficos e, quando muito, cercá-las. É preciso desapropriar a terra e ressarcir adequadamente seus proprietários, o que até hoje não acontece na extensa maioria das Unidades de Conservação. Mas isso também não basta: é preciso colocar pessoal adequado, preparado, para gerenciar e manter essas áreas de vida selvagem. Até bem pouco tempo o Parque Nacional das Emas, com 132.000 ha de cerrado, no sul do Estado de Goiás, município de Mineiros, contava com apenas o diretor, engenheiro eletricista, e mais três funcionários. Quando muito essas unidades têm um *plano de manejo*. Mas este não é obedecido, nem se tem como executá-lo. Mal se conhecem a flora e a fauna a serem protegidas. Ignoram-se o tamanho e a dinâmica das populações dos animais, por exemplo. Elas podem estar se definhando dentro do parque, por doenças, epidemias, intoxicação por agrotóxicos provenientes de áreas agrícolas vizinhas, sendo invadidas por espécies exóticas competitivas, e sequer se sabe disso para tomar as providências necessárias. Mas a função do parque não é proteger a fauna e a flora? Então estamos brincando de Conservacionismo! No Brasil isso realmente é uma balela, uma brincadeira! Derrubadas, caça ilegal e incêndios de vegetação ocorrem a todo momento nessas chamadas Unidades de Conservação, nome pomposo demais para algo absolutamente ineficaz. É lamentável que isso ocorra, principalmente se sabendo que elas poderiam ser no mínimo autossustentáveis, por meio do ecoturismo que poderiam atrair, como acontece em outros países ricos em biodiversidade, como a África do Sul. Só é necessário cuidar desse patrimônio ambiental natural, conservá-lo adequadamente e criar condições para o desenvolvimento do ecoturismo. Muitos empregos seriam criados, muito dinheiro seria movimentado nessas regiões distantes, possibilitando a melhoria das condições de vida de suas populações locais. Só faltam percepção e vontade política a nossos governantes. E mais atuação de nossa sociedade!

Pranchas e figuras coloridas 93

foto: Pedro F. Develey

foto: Paula R. Prist

Madeira da castanheira-do-pará
(Bertholetia excelsa)

Prancha 1 *Floresta Amazônica Densa Sempre-Verde de Terra Firme*

Prancha 2 Algumas espécies da fauna da Floresta Amazônica: (A) onça-pintada (*Panthera onca*); (B) preguiça-de-garganta-marrom (*Bradypus variegatus*); (C) galo-da-serra (*Rupicola rupicola*); (D) anta (*Tapirus terrestris*)

Pranchas e figuras coloridas 95

foto: Rozely F. Santos

Fig. 3.7 *Floresta Amazônica permanentemente inundada*

foto: Paula R. Prist

Fig. 3.9 *Monte Roraima, localizado na fronteira entre Brasil, Venezuela e Guiana, constituído por tepui (montanha de topo achatado)*

Prancha 3 *Floresta Atlântica Densa Sempre-Verde de Encosta e espécies frequentes: (A) quaresmeira (Tibouchina sp.); (B) embaúba (Cecropia sp.) com bicho-preguiça (Bradypus variegatus); (C) ficheira (Schyzolobium parahyba); (D) palmito-juçara (Euterpe edulis)*

Pranchas e figuras coloridas 97

foto: Tatiana Pavão

foto: Mauro Halpern

foto: Paula R. Prist

foto: Paula R. Prist

Prancha 4 *Floresta Atlântica Densa Sempre-Verde de Terras Baixas ou de Planicie: (A) jequitibá-rosa (Cariniana legalis); (B) cateto (Tayassu tajacu); (C) mico-leão-de-cara-dourada (Leontopithecus sp.)*

Prancha 5 *Floresta Atlântica Densa Sempre-Verde de Restinga – exemplos de comunidades e de espécies comuns a esse bioma: (A) caxetal (domínio de Tabebuia cassinoides); (B) maria-farinha ou espia-maré (Ocypode albicans); (C) beija-flor (Eupetomena macroura); (D) tiê-sangue (Rhamphocelus bresilius)*

Pranchas e figuras coloridas 99

Prancha 6 *Floresta Atlântica Densa Sempre-Verde de Manguezal: (A) Rhizophora mangle – as sementes germinam presas à planta-mãe, formando os propágulos, que caem e se fixam no substrato; (B) Rhizophora mangle em primeiro plano; (C) guará (Eudocimus ruber)*

Pranchas e figuras coloridas 101

Fig. 3.16 *Floresta Tropical Estacional Densa Ripária*

Fig. 3.17 *Floresta Tropical Estacional Densa Decídua*

Fig. 3.18 *Vereda com seus buritis*

Prancha 7 *Floresta Tropical Estacional Densa Semidecídua: (A) pau-jacaré (Piptadenia gonoacantha); (B) copaíba (Copaifera langsdorfii); (C) coati (Nasua nasua); (D) jacu (Penelope ochrogaster)*

Pranchas e figuras coloridas 103

Prancha 8 *Algumas fisionomias da Savana Tropical Estacional*

Pranchas e figuras coloridas 105

foto: Vânia Pivello

foto: Alexandre Coutinho

Prancha 9 *Espécies comuns na Savana Tropical Estacional: (A) pequi (Caryocar brasiliense); (B) pau-santo (Kielmeyera coriacea); (C) ipê-amarelo (Tabebuia ochracea); (D) pau-terra (Qualea grandiflora)*

Pranchas e figuras coloridas 107

fotos: Vânia Pivello

Prancha 10 Cerrado em chamas e após a queima

Prancha 11 *Espécies da fauna na Savana Tropical Estacional: (A) tamanduá-bandeira (Myrmecophaga tridactyla); (B) veado-campeiro (Ozotoceros bezoarticus); (C) seriema (Cariama cristata); (D) galito (Alectrurus tricolor)*

Pranchas e figuras coloridas 109

Prancha 12 *Espécies encontradas em Savana Tropical Estacional Semiárida: (A) fisionomia desse bioma, com os cactos facheiro (Cereus squamosus) e coroa-de-frade (Melocactus bahiensis) em primeiro plano; (B) barriguda (Cavanillesia arborea); (C) palma (Opuntia inamoena); (D) xiquexique (Pilosocereus gounellei)*

Prancha 13 *Espécies da fauna ocorrentes em Savana Tropical Estacional Semiárida: (A) carcará (Caracara planctus); (B) asa-branca (Patagioenas picazuro); (C) ararinha-azul (Cyanopsitta spixii)*

Prancha 14 *Espécies da fauna ocorrentes em Floresta Quente-Temperada Úmida Densa Sempre-Verde de Araucária: (A) gaturamo (gênero Euphonia); (B) cutia (gênero Dasyprocta); (C) caxinguelê (gênero Sciurus)*

Biomas brasileiros

foto: João Vila (A)

foto: Myrian Abdon (B)

foto: João Vila (C)

foto: Myrian Abdon (D)

foto: Myrian Abdon

Pranchas e figuras coloridas 113

Prancha 15 Algumas fisionomias do Complexo do Pantanal: (A) espinheiral; (B) corixó; (C) carandazal; (D) acari; (E) buritizal; (F) cerrado; (G) colhereiro (*Ajaia ajaja*); (H) Jacaré (*Caiman yacare*) com capivara (*Hydrochoerus hydrochaeris*); (I) arara-vermelha (*Ara chloropterus*)

foto: João Vila
foto: Myrian Abdon
foto: Myrian Abdon
foto: Lidia S. Bertolo
foto: Lidia S. Bertolo
foto: Lidia S. Bertolo

Prancha 16 *Campos Sulinos. Em destaque, uma espécie ameaçada de extinção, o veste-amarela (Xanthopsar flavus)*

Fig. 3.20 *Invasão de capim-gordura* (Melinis minutiflora)

Fig. 3.21 *Lobo-guará*

Definições

Esse conjunto de definições não foi construído pelo autor, mas pelo grupo de editoração. Seu objetivo é ajudar a compreensão do texto, definindo, literalmente, de forma simples, os principais termos utilizados no livro e não explicitados em seu conteúdo.

Ambientes fluviomarinhos	Ambientes litorâneos formados pela ação fluvial e marinha, podendo ou não ainda estar sob a influência das águas marinhas.
Areia quartzosa	Constituída basicamente por grãos de quartzo, podendo apresentar óxidos e matéria orgânica, o que lhe confere diversas cores, além de outros minerais em pequena proporção.
Arenitos	Rochas sedimentares formadas essencialmente por quartzo, associado ou não a outros minerais, e por um cimento de composição variada.
Basalto	Rocha vulcânica escura de grão fino, rica em silicatos de magnésio e ferro.
Biomassa	Matéria orgânica viva ocorrente em uma área e em um determinado tempo.
Bulbo	Órgão vegetal subterrâneo ou aéreo de estrutura complexa, formado por caule e folhas modificadas que reservam nutrientes.
CAM (crassulacean acid metabolism)	Plantas cuja fixação de CO_2 ocorre à noite, quando os estômatos estão abertos, formando ácido málico. Durante o dia os estômatos se fecham e a substância é consumida, fazendo com que à noite a planta tenha um sabor mais ácido e, durante o dia, mais adocicado.
Chapada	Relevo plano e elevado, com baixa densidade de drenagem, formado por superfícies de aplanamento antigas, que geralmente são limitadas por escarpas ou relevos muito dissecados.

Cipó	Trepadeira lenhosa que usa outras plantas como apoio.
Coivara	Técnica agrícola utilizada por comunidades tradicionais no Brasil que desmata a floresta, acumula e queima os resíduos florestais e planta durante poucos anos. Após esse tempo, a terra fica em repouso para retomar o ciclo anos depois.
Compostos fenólicos	Compostos químicos que atuam como antioxidantes. São produzidos como reações de defesa das plantas às pressões externas, resultado de estresse metabólico, por exemplo, ao ataque de insetos.
Cotilédone	Folha ou cada uma das folhas acumuladoras de substâncias que garantem a nutrição do embrião da semente até que a planta inicie a produção do seu próprio alimento por meio da fotossíntese.
Coxilha	Terreno plano ou levemente ondulado localizado em áreas onde predominam os campos, em geral coberto por pastagem.
Crosta terrestre	Camada externa da Terra, de espessura variável, constituída por rocha e solo.
Cutícula foliar	Estrutura que recobre as células da folha em contato com o meio externo.
Decomposição anaeróbica	Na ausência de oxigênio livre, a matéria orgânica pode ser degradada por bactérias, produzindo CO_2 e H_2O, além de outros compostos.
Depressões intermontanas	Relevos rebaixados em relação àqueles adjacentes, sendo formados, em grande parte, em áreas constituídas por rochas menos resistentes aos processos de intemperismo e erosão.
Dunas eólicas	Depósitos de areia de diferentes alturas e formas, estacionários ou migrantes, resultantes da deposição elevada de areia em virtude da ação do vento. As dunas podem ser móveis, quando ativas, ou fixas, quando estabilizadas.
Erosão	Processo que remove e transporta o solo de um lugar para outro por ação de forças exógenas como a água, o gelo e o vento. A erosão pode ser acelerada pelas atividades do homem.
Escudos cristalinos	Antigas formações rochosas terrestres, formadas por rochas com idades de milhões e bilhões de anos, muitas vezes mineralizadas e com grande estabilidade tectônica.
Espécie vivípara	Espécie cujo embrião se desenvolve totalmente dentro do corpo materno.
Esqueleto	Fração sólida do solo, cujo diâmetro é maior que 2 mm.
Estuarino-lagunares	Relevos planos em áreas costeiras formados na foz de rios que deságuam em lagunas, com complexo sistema de circulação de águas doces e marinhas, favorecendo a formação de manguezais.
Eventos transgressivos e regressivos	Referem-se aos fenômenos de transgressão marinha e regressão marinha. Transgressão marinha é um processo associado à elevação do nível do mar, durante o qual as águas erodem e removem sedimentos da antiga linha de costa. Regressão marinha refere-se à ocorrência da descida do nível do mar, durante o qual processos de sedimentação dão origem a praias, cordões e terraços marinhos.
Fotossíntese de tipo C4 (plantas C4)	Mecanismo bioquímico que ocorre nas plantas para fixar CO_2, formando, no primeiro produto da fixação, uma molécula com quatro átomos de carbono.

Hábito rizomatoso	Refere-se ao caule que cresce horizontalmente por baixo da terra, e dos nós podem originar-se raízes e novas plantas.
Interflúvio	Área entre dois cursos de água, podendo representar a linha divisória entre duas bacias hidrográficas.
Lagamares	Em áreas litorâneas, referem-se a paisagens associadas aos complexos estuarino-lagunares.
Liana	Ver cipó.
Madeira de lei	Madeira nobre, dura e resistente às intempéries e às pragas, de valor comercial.
Maré baixa	Nível mínimo de uma maré vazante.
Marés	Alterações do nível das águas do mar.
Mares de morros	Relevos formados por morros convexos, arredondados (na forma de mamelões), com vales encaixados e solos espessos.
Minuano	Vento frio que sopra do sudoeste sobre o Rio Grande do Sul, Santa Catarina e o Paraná.
Pediplanos	Relevos planos ou levemente ondulados associados a extensas superfícies de erosão.
Planaltos	Terrenos elevados que se desenvolvem em diferentes altitudes, nos quais predomina o desgaste erosivo, sendo constituídos por relevos dissecados e geralmente subnivelados, que podem ou não apresentar remanescentes aplanados nos topos.
Pós-glacial	Que sucedeu uma época glacial (época geológica em que grande parte do globo terrestre foi coberta por geleiras).
Preamar (maré alta)	Nível máximo de uma maré cheia.
Quaternário	Na escala de tempo geológico, é o período recente da era Cenozoica.
Raiz pivotante	Quando ocorre uma raiz principal que penetra verticalmente no solo e dela se ramificam as raízes secundárias.
Raiz tuberosa	Raiz que acumula grande reserva de substâncias, como o amido.
Rizóforo	Órgão subterrâneo de origem caulinar, comumente formando raízes adventícias.
Rizomas	Caules subterrâneos que acumulam substâncias nutritivas (ver hábito rizomatoso).
Rochas basálticas	Ver basalto.
Rochas ígneas ou metamórficas	Rochas originadas do resfriamento de um magma derretido ou parcialmente derretido que, ao resfriar, solidifica com cristalinidade variável.
Salicilato de metila	Também chamado de óleo de bétula, sua fórmula é $C_8H_8O_3$ e é usado como repelente de inseto.
Serapilheira	Camada de folhas, galhos, cascas de frutos etc. depositados sobre o solo.
Serras	Toponímia utilizada para descrever um relevo acidentado que se destaca daquele adjacente. A serra pode ser constituída por diferentes formas de relevo, como escarpa assimétrica, conjunto de morros ou montanhas, ou uma crista.
Tabuleiros	Formas de relevo cujo topo é plano, de baixa amplitude, geralmente em rocha sedimentar e limitado por escarpas.
Tectônica	Refere-se às forças e aos movimentos em um território que deram origem às estruturas da crosta terrestre.

Terra roxa	Tipo de solo de grande fertilidade, produto da decomposição de rochas basálticas, rico em nutrientes, como o ferro, que lhe dá a cor avermelhada.
Terraços fluviais	Superfícies horizontais ou inclinadas na direção do rio não mais atingidas pelas enchentes, formadas por antigas planícies de inundação que foram abandonadas em virtude do encaixamento do rio devido à erosão fluvial ao longo do tempo.
Woodland	Floresta de baixa densidade de árvores.
Xilopódio	Caule subterrâneo hipertrofiado e espesso que acumula água e nutrientes.

Bibliografia

AB'SABER, A. N. *Os domínios de natureza no Brasil: potencialidades paisagísticas.* São Paulo: Ateliê Editorial, 2003.

AB'SABER, A. N. *Ecossistemas do Brasil.* Texto de Aziz Nacib Ab'Saber e fotos de Luiz Claudio Marigo. São Paulo: Metalivros, 2008.

ART, H. W. (Ed.). *The dictionary of ecology and environmental science.* New York: Henry Holt, 1993.

BEUCHLE, R.; GRECCHI, R. C.; SHIMABUKURO, Y. E.; SELIGER, R.; EVA, H. D.; SANO, E.; ARCHARD, F. Mudanças na cobertura vegetal entre 1990 e 2010 no Cerrado e na Caatinga. *Applied Geography,* v. 58, p. 116-127, 2015. Disponível em: <www.elsevier.com./locate/apgeog>.

BOTH, G. C. *Zoneamento do fitoclima e distribuição das formações florestais do Rio Grande do Sul, Brasil.* Dissertação (Mestrado) – Centro Universitário Univates, 2009.

BRECKLE, S. W. *Walter's vegetation of the Earth.* Germany: Eugen Ulmer, 1999.

BRITEZ, R. M.; PIRES, L. A.; REISSMANN, C. B.; PAGANO, S. N.; SILVA, S. M.; ATHAIDE, S. F.; LIMA, R. X. Ciclagem de nutrientes na planície costeira. In: MARQUES, M. C. M.; BRITEZ, R. M. (Org.). *História natural e conservação da Ilha do Mel.* Curitiba: Editora UFPR, 2005.

BUENO, F. S. *Vocabulário tupi-guarani português.* 2. ed. São Paulo: Nagy, 1983.

CARUPUCHO, J. M. G.; CORNELIUS, C.; BORGES, S. H.; COHN-HAFT, M.; ALEIXO, A.; METZGER, J. P.; RIBAS, C. C. Combining phylogeography and landscape genetics of Xenopipo atronitens (Aves: Pipridae), a white sand campina specialist, to understand Pleistocene landscape evolution in Amazonia. *Biological Journal of the Linnean Society,* v. 110, n. 1, p. 1-17, 2013.

CAVASSAN, O.; CESAR, O.; MARTINS, F. R. Fitossociologia da vegetação arbórea da Reserva Estadual de Bauru, Estado de São Paulo. *Revista Brasileira de Botânica*, v. 7, n. 2, p. 91-106, 1984.

CESAR, O. Nutrientes minerais da serapilheira produzida na mata mesófila semidecídua da fazenda Barreiro Rico, Município de Anhembi, SP. *Revista Brasileira de Biologia*, v. 53, n. 4, p. 659-669, 1990.

CESAR, O.; LEITÃO-FILHO, H. F. Estudo fitossociológico de mata mesófila semidecídua na fazenda Barreiro Rico, Município de Anhembi, SP. *Revista Brasileira de Biologia*, v. 50, n. 2, p. 443-452, 1990.

COOMES, D. A. Nutrient status of Amazonian Caatinga forests in a seasonally dry area: nutrient fluxes in litter fall and analysis of soils. *Canadian Journal of Forest Research*, v. 27, n. 6, p. 831-839, 1997.

CORDEIRO, J. L. P.; HASENACK, H. Cobertura vegetal atual do Rio Grande do Sul. In: PILLAR, V. D. P.; MÜLLER, S. C.; CASTILHOS, Z. M. S.; JACQUES, A. V. A. (Org.). *Campos sulinos: conservação e uso sustentável da Biodiversidade*. Brasília: MMA, 2010. p. 285-294.

COSTA, C. C. C.; LIMA, J. P.; CARDOSO, L. D.; HENRIQUES, V. Q. *Fauna do Cerrado*: lista preliminar de aves, mamíferos e répteis. Rio de Janeiro: Fundação IBGE, 1981.

COUTINHO, L. M. Contribuição ao conhecimento da ecologia da mata pluvial tropical. *Boletim*, n. 257, Botânica, n. 18, Faculdade de Filosofia, Ciências e Letras, Universidade de São Paulo, p. 3-219, 1962.

COUTINHO, L. M. Algumas informações sobre a capacidade rítmica diária da fixação e acumulação de CO_2 no escuro em epífitas e herbáceas terrestres da mata pluvial. *Boletim*, n. 294, Botânica, n. 21, Faculdade de Filosofia, Ciências e Letras, Universidade de São Paulo, p. 397-408, 1965.

COUTINHO, L. M. *Contribuição ao conhecimento do papel ecológico das queimadas na floração de espécies do cerrado*. Tese (Livre-Docência) – Departamento de Ecologia, IB, Universidade de São Paulo, USP, São Paulo, 1976.

COUTINHO, L. M. O conceito de cerrado. *Rev. Bras. Bot.*, n. 1, p. 17-23, 1978.

COUTINHO, L. M. *Ecological studies*: fire in the ecology of the Brazilian Cerrado. Berlin: Springer-Verlag, 1990. v. 84, p. 82-105.

COUTINHO, L. M. O conceito de bioma. *Acta Botanica Brasilica*, v. 20, n. 1, p. 13-23, 2006.

DAMASCO, G.; VICENTINI, A.; CASTILHO, C. V.; PIMENTEL, T. P.; NASCIMENTO, H. E. M. Disentangling the role of edaphic variability, flooding regime and topography of Amazonian white-sand vegetation. *Journal of Vegetation Science*, International Association for Vegetation Science, v. 24, p. 384-394, 2012. doi:10.1111/j.1654-1103.2012.01464.xC 2012.

EITEN, G. Natural Brazilian vegetation types and their causes. *Academia Brasileira de Ciências*, v. 64, n. 1, p. 35-65, 1992.

EITEN, G. *Vegetação natural do Distrito Federal*. Brasília: Sebrae; Editora UnB, 2001.

EMBRAPA. *Monitoramento por satélite*. [s.d.]. Disponível em: <www.bdclima.cnpm.embrapa.br>.

FALKENBERG, D. B. Aspectos da flora e da vegetação secundária da restinga de Santa Catarina, sul do Brasil. *Insula*, Universidade Federal de Santa Catarina, Departamento de Botânica, Centro de Ciências Biológicas, Florianópolis, n. 28, p. 1-30, 1999.

FELFILI, J. M.; RIBEIRO, J. F.; FAGG, C. W.; MACHADO, J. W. B. *Recuperação de matas de galeria*. Brasília: Embrapa; MMA, 2000. ISSN 1517-5111, Documentos 21.

FELFILI, J. M.; MENDONÇA, R. C.; WALTER, B. M. T.; SILVA-JUNIOR, M. C.; NÓBREGA, M. G. G.; FAGG, C. W.; SEVILHA, A. C.; SILVA, M. A. Flora fanerogâmica das Matas de Galeria e Ciliares do Brasil Central. In: RIBEIRO, J. F.; FONSECA, C. E.; SOUZA-SILVA, J. C. (Ed.). *Cerrado*: caracterização e recuperação de Matas de Galeria. Brasília: Embrapa Cerrados; MAPA; MMA, 2001. p. 195-266.

FERREIRA, J. N.; RIBEIRO, J. F. Ecologia da inundação em Matas de Galeria. In: RIBEIRO, F. R.; FONSECA, C. E. L.; SOUZA-SILVA, J. C. (Ed.). *Cerrado*: caracterização e recuperação de Matas de Galeria. Brasília: Embrapa; MAPA; MMA, 2001. p. 425-451.

FERREIRA, C. A. C. *Análise comparativa da vegetação lenhosa do ecossistema Campina na Amazônia brasileira*. 2009. Tese (Doutorado) – Inpa/Ufam, Manaus, 2009.

FERRI, M. G. (Ed.). *Simpósio sobre o Cerrado*. São Paulo: Edusp, 1963.

FIGUEIREDO-RIBEIRO, R. C. L.; BARBEDO, C. J.; ALVES, E. S.; DOMINGOS, M.; BRAGA, M. C. (Org.). *Pau-Brasil*: da semente à madeira. São Paulo: Instituto de Botânica, Secretaria do Meio Ambiente, Governo do Estado de São Paulo, 2008.

GOODLAND, R. J. A.; IRWIN, H. S. *A selva amazônica*: do inferno verde ao deserto vermelho? Belo Horizonte: Itatiaia, 1975.

GRACE, J.; LLOYD, J.; MCINTYRE, J.; MIRANDA, A. C.; MEIR, P.; MIRANDA, H. S.; NOBRE, C.; MONCRIEFF, J.; MASSHEDER, J.; MALHI, Y.; WRIGHT, I.; GASH, J. Carbon dioxide Uptake by an undisturbed Tropical Rain Forest in Southwest Amazonia, 1992-1993. *Science Research*, v. 270, p. 778-780, 1995.

GUERRA, A. T. *Dicionário Geológico-Geomorfológico*. 4. ed. Rio de Janeiro: Fundação IBGE, 1975.

GUILHERME, E.; BORGES, S. H. Ornithological Records from a campina/campinarana enclave on the upper Juruá river, Acre, Brasil. *The Wilson Journal of Ornithology*, v. 123, n. 1, p. 24-32, 2011.

GUIMARÃES, F. T. *Ecologia e dinâmica vegetal quaternária no contato entre campinarana e campina sobre espodossolos – bacia do rio Demini, Amazonas*. 2014. 142 f. Tese (Doutorado) – Universidade Católica de Minas Gerais, Belo Horizonte, 2014.

HUECK, K. *Plantas e formação organogênica das dunas no litoral paulista*. São Paulo: Instituto de Botânica, Secretaria da Agricultura do Estado de São Paulo, 1955. Parte 1.

HUECK, K. *As Florestas da América do Sul*. São Paulo: Polígono, 1972.

HUMBOLDT, A. V. *Essai sur la géographie des plantes, accompagné d'un tableau physique des régions équinoxiales*. Paris: Levrault, Schoell et Cie, 1807. 155 p., 1 estampa, 1 mapa. [Primeira edição completa espanhola: *Ensayo sobre la geografia de las plantas*. Prefácio de José Sarukhan e introdução de Charles Minguet e Jean-Paul Duviols. Mexico: Siglo Veintiuno Editores, 1997. 134 p. Primeira edição completa em inglês: *Essay on the geography of plants*. Editado por Stephen T. Jackson e traduzido por Sylvie Romanowski. Chicago: University of Chicago Press, 2009. xx + 274 + mapa mural encarte.].

HUMBOLDT, A. V. *Tableaux de la nature*. Tradução de Jean B. B. Eyriès. Paris: F. Schoell Libraire, 1808. 2 v. [Edição em português: *Quadros da natureza*. Tradução de Assis Carvalho e introdução de F. A. Raja Gabaglia. Rio de Janeiro: W. M. Jackson, 1950. 2 v.].

HUMBOLDT, A. V. *Kosmos*: Entwurf einer Physischen Weltbeschreibung. Stuttgart; Tübingen: J. G. Cotta'scher Verlag, 1845-1862. 5 v., com atlas. [Edição francesa: *Cosmos: essai d'une description physique du monde*. Traduzido por H. Faye e C. Galusky. Paris: Gide et J. Baudry, 1847-1852. 4 v.].

IBGE. *Mapa de vegetação do Brasil* (1:5.000.000). 2. impressão. Rio de Janeiro: Fundação IBGE, 1995.

IBGE. *Vocabulário básico de recursos naturais e meio ambiente*. 2. ed. Rio de Janeiro: Fundação IBGE, 2004.

IBGE. *Manual técnico da vegetação brasileira*. 2. ed. Rio de Janeiro: Fundação IBGE, 2012.

JOLY, A. B. *Conheça a vegetação brasileira*. São Paulo: Edusp; Polígono, 1970.

JUNK, W. J.; PIEDADE, M. T. F.; SCHÖNGART, J.; COHN-HAFT, M.; ADENEY, J. M.; WITTMANN, F. A classification of the major naturally-occurring Amazonian lowland Wetlands. *Wetlands Ecology and Management*, v. 31, n. 4, p. 623-640, 2011.

JUNK, W. J.; WITTMANN, F.; SCHÖNGART, J.; PIEDADE, M. T. F. A classification of the major habitats of Amazonian black-water river floodplains and a comparison with their white-water counterparts. *Wetlands Ecology and Management*, v. 23, n. 4, p. 677-693, 2015. doi 10.1007/s11273-015-9412-8.

KLEIN, R. M. O aspecto dinâmico do pinheiro brasileiro. *Revista Sellowia*, v. 12, p. 17-44, 1960.

KLEIN, R. M. Árvores nativas da Floresta Subtropical do Alto Uruguai. *Revista Sellowia*, v. 24, p. 9-62, 1972.

KLINK, C. A.; MOREIRA, A. G.; SOLBRIG, O. T. The World's Savannas. Economic driving forces, ecological constraints and policy options for sustainable land use. In: YOUNG, M. D.; SOLBRIG, O. T. (Ed.). *Man and the biosphere series (MAB)*. Paris: Unesco, 2008. v. 12, p. 259- 282.

LEITE, P. F. Contribuição ao conhecimento fitoecológico do Sul do Brasil. *Ciência e Ambiente*, v. 24, p. 51-73, 2002.

LIMA, D. A. *Vegetação*: atlas nacional do Brasil. Rio de Janeiro: Fundação IBGE, 1966.

LIMA, R. A. F.; OLIVEIRA, A. A.; MARTINI, A. M.; SAMPAIO, D.; SOUZA, V. C.; RODRIGUES, R. R. Structure, diversity, and spatial patterns in a permanent plot of a high Restinga forest in Southeastern Brazil. *Acta Botanica Brasilica*, v. 25, n. 3, p. 647-659, 2011.

LINDMAN, C. A. M.; FERRI, M. G. *A vegetação no Rio Grande do Sul*. São Paulo: Itatiaia; Edusp, 1974.

MARES, M. A.; WILLIG, M. R.; LACHER Jr., T. E. The Brazilian Caatinga in South American zoogeography: tropical mammals in a dry region. *Journal of Biogeography*, v. 12, p. 57-69, 1985.

MARINHO FILHO, J.; GUIMARÃES, M. M. Mamíferos das matas de galeria e das matas ciliares do Distrito Federal. In: RIBEIRO, J. F.; FONSECA, C. E. L.; SOUZA-SILVA, J. C. (Ed.). *Cerrado*: caracterização e recuperação de Matas de Galeria. Planaltina: Embrapa Cerrados; MAPA; MMA, 2001. p. 531-557.

MARTINS, F. R. *Estrutura de uma floresta mesófila*. Campinas: Editora Unicamp, 1991.

MARTIUS, C. F. P. Die Physiognomie des Pflanzen-Reiches in Brasilien. *Abhand. der Königlichen Akademie der Wissenschaften zur München*, p. 3-36, 1824. [Versão em português: A fisionomia do reino vegetal no Brasil. *Arquivos do Museu Paranaense*, v. 3, p. 239-271, 1943. Tradução de Ernesto Niemeyer e Carlos Stellfeld. Reeditado em: *Boletim Geográfico*, IBGE, Rio de Janeiro, v. 8, n. 95, p. 1294-1311, 1950.].

MARTIUS, C. F. P. Tabulae Physiognomicae. Brasiliae Regiones iconibus expressas descripsit deque Vegetatione illius Terrae uberius. In: MARTIUS, C. F. P. (Ed.). *Flora Brasiliensis*. Monachii [Munique]: R. Oldenbourg, 1840-1868. v. I – Pars I., estampas I-LIX. [Edição em português: A viagem de Von Martius. *Flora Brasiliensis*: estampas fisionômicas. Vasta descrição das regiões do Brasil expressas por imagens e sobre a vegetação desta terra. Rio de Janeiro: Index, 1996. v. I, 140 p.].

MENDONÇA, B. A. F. *Campinaranas amazônicas*: pedogênese e relações solo-vegetação. 2011. Tese (Doutorado) – Universidade Federal de Viçosa, Viçosa, 2011.

MENDONÇA, B. A. F.; FERNANDES FILHO, E. I.; SCHAEFER, C. E. G. R.; CARVALHO, A. F.; VALE Jr., J. F.; CORRÊA, G. R. Use of geographical methods for the study of sandy soils under campinarana at the National Park of Viruá, Roraima state, Brazilian Amazonia. *Journal of Soils Sediments*, v. 14, n. 3, p. 525-537, 2014.

MENEZES, N. L. de. Rhizophores in Rhizophora mangle L.: an alternative interpretation of so-called "aerial roots". *Anais da Academia Brasileira de Ciências*, v. 78, n. 2, p. 213-226, 2006.

MONCRIEFF, G. R.; BOND, W. J.; HIGGINS, S. I. Revising the biome concept for understanding and predicting global change impacts. *Journal of Biogeography*, v. 43, n. 5, p. 863-873, 2016. doi: 10.1111/jbi.12701. Disponível em: <http://wileyonlinelibrary.com/journal/jbi>. Acesso em: 16 set. 2016.

OLIVEIRA, A. A.; DALY, D. C.; VICENTINI, A.; COHN-HAFT, M. Florestas sobre solos arenosos. In: OLIVEIRA, A. A.; DALY, D. C. (Org.). *Florestas do Rio Negro*. São Paulo: Companhia das Letras, 2001.

OLIVEIRA-FILHO, A. T.; BUDKE, J. C.; JARENKOW, J. A.; EISENLOHR, P. V.; NEVES, D. R. M. Delving into the variations in tree species composition and richness across South American subtropical Atlantic and Pampean Forests. *Journal of Plant Ecology Advance Access*, v. 8, n. 3, p. 242-260, 2013.

PAGANO, S. N. Produção de folhedo em mata mesófila semidecídua no Município de Rio Claro, SP. *Revista Brasileira de Biologia*, v. 49, n. 3, p. 633-639, 1989a.

PAGANO, S. N. Nutrientes minerais do folhedo produzido em mata mesófila semidecídua no Município de Rio Claro, SP. *Revista Brasileira de Biologia*, v. 49, n. 3, p. 641-647, 1989b.

PAGANO, S. N.; LEITÃO-FILHO, H. F. Composição florística do estrato arbóreo de mata mesófila semidecídua, no Município de Rio Claro (Estado de São Paulo). *Revista Brasileira de Botânica*, v. 10, n. 1, p. 37-47, 1987.

PAGANO, S. N.; LEITÃO-FILHO, H. F.; SHEPHERD, G. J. Estudo fitossociológico em mata mesófila semidecídua no Município de Rio Claro (Estado de São Paulo). *Revista Brasileira de Botânica*, v. 10, n. 1, p. 49-61, 1987.

PAROLIN, P.; DE SIMONE, O.; HAASE, K.; WALDHOFF, D.; ROTTENBERGER, S.; KUHN, U.; KESSELMEYER, J.; KLEISS, B.; SCHMIDT, W.; PIEDADE, M. T. F.; JUNK, W. J. Central Amazonian floodplain forest: tree adaptations in a pulsing system. *The Botanical Review*, v. 70, n. 3, p. 357-380, 2004.

PILLAR, V. P.; MÜLLER, S. C.; CASTILLOS, Z. M. S.; JACQUES, A. V. A. (Ed.). *Campos sulinos*: conservação e uso sustentável da biodiversidade. Brasília: Ministério do Meio Ambiente, 2009.

PINTO Jr., O.; PINTO, I. A. *Relâmpagos*. São Paulo: Editora Brasiliense, 1996.

PIRES, L. A.; BRITEZ, R. M.; MARTEL, G.; PAGANO, S. N. Produção, acúmulo e decomposição da serapilheira em uma restinga da Ilha do Mel, Paranaguá, PR, Brasil. *Acta Botanica Brasilica*, v. 20, n. 1, p. 173-184, 2006.

PIRES, M. M.; KOCH, P. L.; FARIÑA, R. A.; AGUIAR, M. A. M.; REIS, F. F.; GUIMARÃES, P. R. Pleistocene megafaunal interaction networks became more vulnerable after human arrival. *Proceedings of the Royal Society B: Biological Sciences*, v. 282, n. 1814, 2015. doi: 10.1098/rspb.2015.1367.

POR, F. D.; FONSECA, V. L. I.; NETO, F. L. *O Pantanal do Mato Grosso*: série ambientes brasileiros. São Paulo: Instituto de Biociências, Universidade de São Paulo, 1997.

PRANCE, G. T. Notes on the vegetation of Amazonia III: the terminology of Amazonian forest types subject to inundations. *Brittonia*, v. 31, n. 1, p. 26-38, 1979.

RIBEIRO, J. F. (Ed.). *Cerrado*: matas de galeria. Planaltina: Embrapa; CPAC, 1998.

RIBEIRO, J. F.; FONSECA, C. E. L.; SOUZA-SILVA, J. C. (Ed.). *Cerrado*: caracterização e recuperação de matas de galeria. Planaltina: Embrapa; MAPA; MMA, 2001.

RIZZINI, C. T. *Tratado de fitogeografia do Brasil*. São Paulo: Hucitec; Edusp, 1976. v. 1.

RIZZINI, C. T. *Tratado de fitogeografia do Brasil*. São Paulo: Hucitec; Edusp, 1979. v. 2.

SAINT-HILAIRE, A. Tableau gèographique de la végétation primitive dans la Province de Minas Geraes. *Annales des Sciences Naturelles*, 1831. [Segunda edição revista e corrigida lançada por A Pihan de la Foret, Paris, em 1837, 49 p. Separata de *Nouvelles Annales de Voyages*, 1836. Versão em português: Quadro da vegetação primitiva da Província de Minas Gerais. *Boletim Geográfico*, IBGE, Rio de Janeiro, v. 6, n. 71, p. 1277-1291, 1949.].

SALGADO-LABOURIAU, M. L.; FERRAZ-VICENTINI, K. R. Fire in the Cerrado 32.000 years ago. *Current Research in the Pleistocene Archives*, v. 11, p. 85-87, 1994.

SANO, S. M.; ALMEIDA, S. P. (Ed.). *Cerrado*: ambiente e flora. Planaltina: Embrapa; CPAC, 1998.

SCHAEFFER-NOVELLI, Y. Manguezal: ecossistema entre a terra e o mar. *Caribbean Ecological Research*, 1995.

SCHLITTLER, F. H. M.; MARINIS, G.; CESAR, O. Estudos fitossociológicos na floresta do Morro do Diabo (Pontal do Paranapanema, SP). *Arquivos de Biologia e Tecnologia*, v. 38, n. 1, p. 217-234, 1995.

SCHNELL, R. *Introduction à la Phytogeographie des Pays Tropicaux*. Paris: Gauthier-Villars, 1971. v. I-II.

SILVA Jr., M. C. *100 árvores do Cerrado*: guia de campo. Brasília: Rede de Sementes do Cerrado, 2005.

SILVA Jr., M. C.; FELFILI, J. M.; WALTER, B. M. T.; NOGUEIRA, P. E.; REZENDE, A. V.; MORAIS, R. O.; NOBREGA, M. G. G. Análise da flora arbórea de Matas de Galeria no Distrito Federal: 21 levantamentos. In: RIBEIRO, J. F.; FONSECA, C. E. L.; SOUSA-SILVA, J. C. (Ed.). *Cerrado*: caracterização e recuperação de matas de galeria. Planaltina: Embrapa Cerrados; MAPA; MMA, 2001. p. 143-194.

SILVA, P. E. S.; FREITAS, R. A.; SILVA, D. F.; ALENCAR, R. B. Fauna de flebotomínios (Diptera: Psychodidae) de uma reserva de campina no Estado do Amazonas, e sua importância epidemiológica. *Revista da Sociedade Brasileira de Medicina Tropical*, v. 43, n. 1, p. 1, 2010.

SOUZA, C. R. G.; HIRUMA, S. T.; SALLUN, A. E. M.; RIBEIRO, R. R.; SOBRINHO, J. M. A. *Restinga*: conceitos e empregos do termo no Brasil e implicações na legislação ambiental. 1. ed. São Paulo: IG - Instituto Geológico; SEMA - Secretaria de Meio Ambiente, 2008.

VANZOLINI, P. E. *Zoologia sistemática, geografia e a origem das espécies*. São Paulo: Instituto de Geografia, Universidade de São Paulo, 1970. (Série Teses e Monografias, n. 3).

VANZOLINI, P. E.; WILLIAMS, E. E. South American anoles: the geographical differentiation and evolution of the *Anolis chrysolepis* species group (Sauria, Iguanidae). *Arquivos de Zoologia*, v. 19, n. 1-2, p. 1-176, 1970.

VARJABEDIAN, R.; PAGANO, S. N. Produção e decomposição de folhedo em um trecho de Mata Atlântica de encosta no Município do Guarujá, SP. *Acta Botanica Brasilica*, v. 1, n. 2, p. 243-256, 1988.

VELOSO, H. P.; GÓES-FILHO, L. Fitogeografia brasileira: classificação fisionômica-ecológica da vegetação neotropical: série vegetação. *Boletim Técnico do Projeto Radambrasil*, v. 1, p. 3-79, 1982.

VELOSO, H. P.; RANGEL FILHO, A. L. R.; LIMA, J. C. A. *Classificação da vegetação brasileira, adaptada a um sistema universal*. Rio de Janeiro: IBGE, 1991.

VIEIRA, L. S.; OLIVEIRA-FILHO, J. P. S. As Caatingas do rio Negro. *Boletim Técnico do Instituto Agronômico do Norte*, v. 42, p. 1-32, 1962.

WALTER, H. *Vegetation der Erde*. Jena: Gustav Fischer Verlag, 1973.

WALTER, H. *Vegetação e zonas climáticas*. São Paulo: EPU - Editora Pedagógica e Universitária, 1986.

WALTER, H.; LIETH, H. *Klimadiagramm-Weltatlas*. Jena: Gustav Fischer Verlag, 1960.

WARMING, E. Lagoa Santa: Et Bidrag til den biologiske Plantegeografi. *Kgl. Danske Vidensk. Selsk. Skr., naturvidensk. og Math.*, Kjobenhavn, v. 6, n. 3, p. 159-488, 1892. 336 p. [Edição em português: *Lagoa Santa, contribuição para a Geographia Phytobiológica*. Tradução de Alberto Loefgren. Belo Horizonte: Imprensa Oficial do Estado de Minas Geraes, 1908. 282 p., com 40 figuras. Reeditado por Mario Guimarães Ferri: *Lagoa Santa e a vegetação de Cerrados brasileiros*. São Paulo: Edusp; Belo Horizonte: Itatiaia, 1973. 362 p. (Coleção Reconquista do Brasil, v. 1).].

WARMING, E. *Plantesamfund-Grundtræk af den økologiske Plantegeografi*. Kjøbenhavn [Copenhague]: P. G. Philipsens Forlag, 1895. vii + 335 p. [Edição em alemão: *Lehrbuch der ökologischen Pflanzengeographie Eine Einführung in die Kenntnis der Pflanzenvereine*. Traduzido por Emil Knoblanch. Berlin: Gebrüder Borntraeger, 1896. xii + 412 p. Edição em inglês: *Oecology of Plants: an introduction to the study of plant-communities*. Assisted by Martin Vahl and prepared for publication in English by Percy Groom and Isaac Bayley Balfour. Oxford: Clarendon Press, 1909. 448 p.].

WILSON, E. O. *Half-Earth*: our planet's fight for life. New York: Liveright; W. W. Norton, 2016. 258 p.